ALMANACH

DES

VACHES LAITIÈRES

INDIQUANT

A LA SEULE INSPECTION D'UNE VACHE QUELCONQUE,
LES SIGNES CERTAINS A L'AIDE DESQUELS ON RECONNAIT LA QUANTITÉ
ET LA QUALITÉ DE LAIT QU'ELLE DONNE,
AINSI QUE LE MAINTIEN DU LAIT PENDANT LA GESTATION,

PAR F. GUENON

Membre de plusieurs Sociétés d'Agriculture,
décoré de médailles d'or,

AUTEUR DE CETTE UTILE DÉCOUVERTE.

Orné de Gravures.

1re ANNÉE   1852

PARIS

PAGNERRE, ÉDITEUR, rue de Seine, 18.

DUSACQ, LIBRAIRIE AGRICOLE,   VICTOR MASSON,
rue Jacob, 26.   place de l'École-de-Médecine, 1.

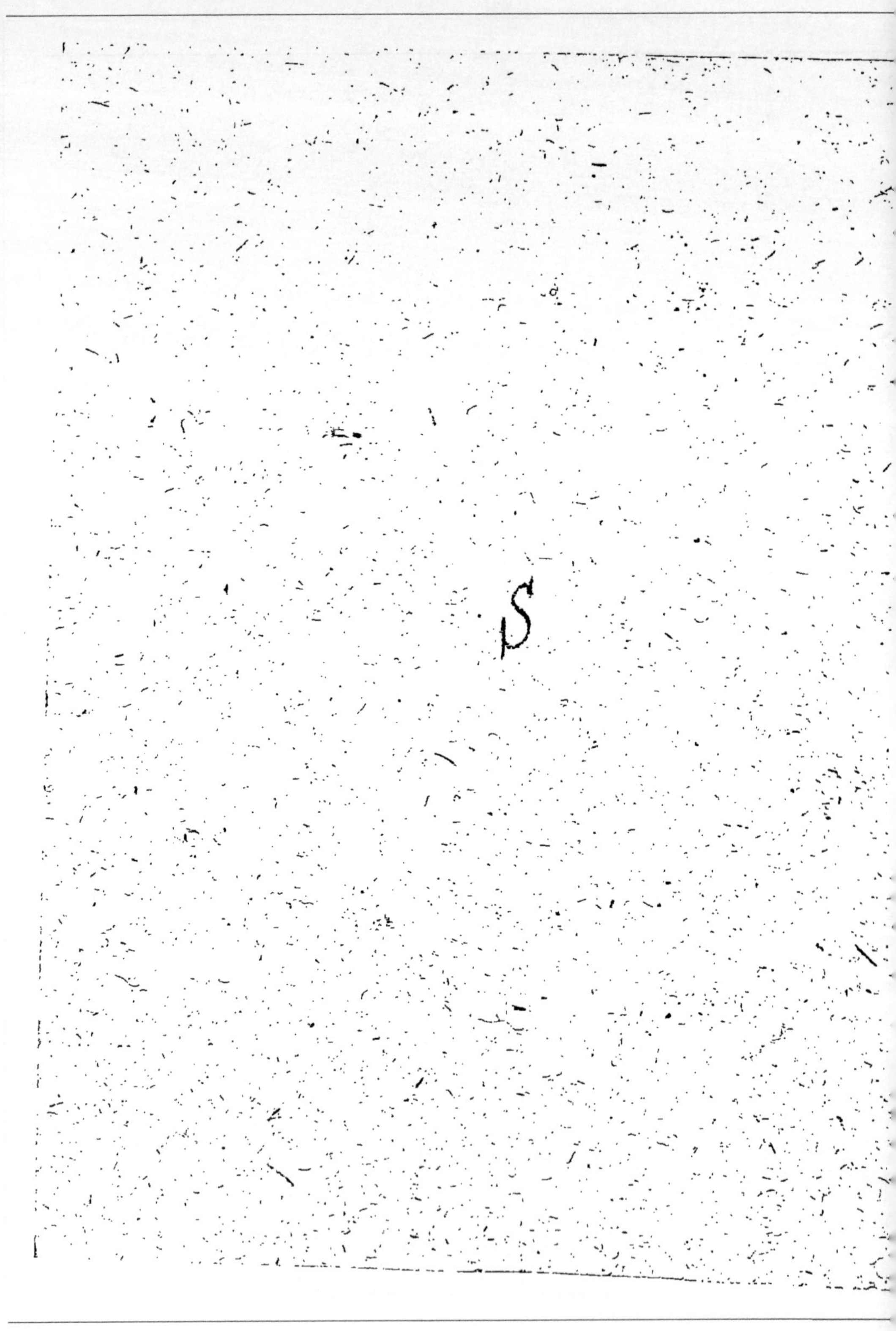

F. GUENON.

ALMANACH

DES

VACHES LAITIÈRES

INDIQUANT

A LA SEULE INSPECTION D'UNE VACHE QUELCONQUE,
LES SIGNES CERTAINS A L'AIDE DESQUELS ON RECONNAIT LA QUANTITÉ
ET LA QUALITÉ DE LAIT QU'ELLE DONNE,
AINSI QUE LE MAINTIEN DU LAIT PENDANT LA GESTATION,

PAR F. GUENON

Membre de plusieurs Sociétés d'Agriculture,
décoré de médailles d'or,

AUTEUR DE CETTE UTILE DÉCOUVERTE.

Orné de Gravures.

1re ANNÉE   1852

PARIS

PAGNERRE, ÉDITEUR, rue de Seine, 18.

LIBRAIRIE AGRICOLE,	VICTOR MASSON,
26, rue Jacob.	1, place de l'École de Médecine.

1851

TRAITÉ

DES

VACHES LAITIÈRES

ET DE L'ESPÈCE BOVINE EN GÉNÉRAL

PAR F. GUENON,

PRATICIEN,

Membre de plusieurs Sociétés d'agriculture,
et décoré de médailles d'or.

SECONDE ÉDITION CONSIDÉRABLEMENT AUGMENTÉE.

1 vol. in-8°. — Prix : 6 fr.

Paris.—Imprimerie d'E. Duverger, rue de Verneuil, 6.

ERES ET EPOQUES

Pour 1852.

Année de la période Julienne........................ 6565
Depuis la première olympiade d'Iphitus jusqu'en juillet. 2628
De la fondation de Rome selon Varron (mars)........ 2605
De l'époque de Nabonassar depuis février............ 2599
De la naissance de Jésus-Christ..................... 1852
L'année 1268 des Turcs commence le 27 octobre 1851 et finit
le 14 octobre 1852.

Comput ecclésiastique.

Nombre d'or........ X | Indiction romaine.... X
Epacte .... IX | Lettre dominicale..... D. C.
Cycle solaire........ XIII |

Quatre-Temps.

Les 3, 5 et 6 mars. | Les 15, 17 et 18 septembre.
Les 2, 4 et 5 juin. | Les 15, 17 et 18 décembre.

Fêtes mobiles.

La Septuagésime, 8 février. | La Pentecôte, 30 mai.
Les Cendres, 25 février. | La Trinité 6 juin.
Pâques, 11 avril. | La Fête-Dieu, 10 juin.
Les Rogations, 17, 18, 19 mai. | L'Avent, 28 novembre.
L'Ascension, . 20 mai. |

Saisons.

Printemps, 20 mars à 10 heures 51 minutes du matin.
Été, 21 juin à 7 heure 39 minutes du matin.
Automne, 22 septembre à 9 heures 51 minutes du soir.
Hiver, 21 décembre à 3 heures 23 minutes du soir.

Éclipses.

Le 7 janv., ÉCLIPSE TOTALE DE LUNE, en partie vis. à Paris.
Commencement de l'éclipse à 5 h. 30 m. du matin.
Fin de l'éclipse à 7 h. 8 m du matin.
Le 21 janv., ÉCLIPSE PARTIELLE DE SOLEIL, invisible à Paris.
Le 17 juin, ÉCLIPSE PARTIELLE DE SOLEIL, invisible à Paris.
Le 1er juillet, ÉCLIPSE TOTALE DE LUNE, invisible à Paris.
Le 11 déc., ÉCLIPSE TOTALE DU SOLEIL invisible à Paris.
Le 26 déc., ÉCLIPSE PARTIELLE DE LUNE, invisible à Paris.

JANVIER.

Jours.	Dates.	SAINTS.	J. de L.	Lever du Soleil.		Coucher du Soleil		Lever de la Lune.		Coucher de la Lune.	
jeudi	1	Circoncision.	10	7	56	4	11	0 soir.	54	1 matin.	27
ven.	2	s. Basile.	11	7	56	4	12	1	17	2	33
sam.	3	ste Geneviève.	12	7	56	4	13	1	43	3	40
Dim.	4	s. Rigobert.	13	7	56	4	14	2	15	4	48
lun.	5	s. Siméon.	14	7	56	4	15	2	55	5	56
mar.	6	Epiphanie.	15	7	56	4	17	3	44	7	1
mer.	7	s. Théaulon.	16	7	55	4	18	4	44	7	59
jeu.	8	s. Lucien.	17	7	55	4	19	5	53	8	49
ven.	9	s. Furcy.	18	7	55	4	20	7	8	9	32
sam.	10	s. Paul.	19	7	54	4	21	8	26	10	7
Dim.	11	s. Théodose.	20	7	54	4	23	9	45	10	36
lun.	12	s. Arcade.	21	7	53	4	24	11	3	11	2
mar.	13	Baptême de N. Seig.	22	7	53	4	25	—	—	11	27
mer.	14	s. Hilaire.	23	7	52	4	27	0 matin.	20	11	52
jeu.	15	s. Maur.	24	7	52	4	28	1	37	0 soir.	18
ven.	16	s. Guillaume.	25	7	51	4	29	2	53	0	46
sam.	17	s. Antoine.	26	7	50	4	31	4	7	1	20
Dim.	18	C. s. Pierre.	27	7	49	4	32	3	17	2	1
lun.	19	s. Sulpice.	28	7	49	4	34	6	20	2	49
mar.	20	s. Sébastien.	29	7	48	4	35	7	15	3	45
mer.	21	ste Agnès.	1	7	47	4	37	8	1	4	47
jeu.	22	s. Vincent.	2	7	46	4	38	8	39	5	51
ven.	23	s. Ildefonse.	3	7	45	4	40	9	9	6	57
sam.	24	s. Babylas.	4	7	44	4	42	9	35	8	3
Dim.	25	Conversion s. Paul.	5	7	43	4	43	10	57	9	6
lun	26	ste Paule.	6	7	41	4	45	10	18	10	9
mar.	27	ste. Julienne.	7	7	40	4	46	10	38	11	12
mer.	28	s. Charlemagne.	8	7	39	4	48	10	58	—	—
jeu.	29	s. François de Sales.	9	7	38	4	50	11	19	0 soir.	17
ven.	30	ste Bathilde.	10	7	37	4	51	11	43	1	22
sam.	31	s. Pierre.	11	7	35	4	53	0 s.	12	2	27

P. L. le 7, à 6 h. 18 m. du mat. | N. L. le 21, à 7 h. 36 m. du m
D. Q. le 14, à 1 h. 28 m. du m. | P. Q. le 29, à 10 h. 43 m. du m.

JANVIER.

Soins a donner au bétail. — Nous sommes maintenant dans la saison la plus rude de l'année; aussi les soins que réclament les vaches laitières, et que l'on est obligé, à cause du mauvais temps, de nourrir à l'étable, ne sont pas sans intérêt et méritent d'être consignés ici. Aux vaches prêtes à faire le veau on donnera une nourriture saine et abondante; on alternera les fourrages secs avec de la farine de seigle ou du son de froment délayé dans de l'eau tiède, des racines mélangées de son à l'état sec également tièdes. Après le part on donnera à la vache une nourriture plus substantielle et moins rafraîchissante, surtout pendant les premiers jours. On veillera à ce que les accidents qui peuvent se produire après la mise bas ne se renouvellent pas, tels que le renversement du vagin, l'engorgement du pis, etc., etc. Il faudra éviter de donner des boissons froides à la mère, empêcher tout refroidissement chez elle et ne pas l'exposer à des courants d'air qui, dans cette saison et surtout après le vélage, sont dangereux. Plus la vache donne de lait, plus elle demande d'attention et de soins; car plus que tout autre elle est sujette aux accidents. Dans les contrées où le bétail reste au pâturage, si l'eau est glacée, il faut avoir soin de casser la glace pour qu'il puisse s'abreuver.

Soins a donner aux prairies et aux paturages. — On pratique des fosses d'assainissement; on nettoie les rigoles d'écoulement; on nivelle les taupières et autres inégalités; on répand le fumier sur le gazon et on dirige par des fossés les eaux pluviales que la pente du sol permet de diriger vers le pré. Ces eaux sont fertiles; aussi le cultivateur ne doit-il rien négliger pour se les approprier. Il y a aussi les eaux provenant de la fonte des neiges qui entraînent avec elles des sables fertiles et des détritus végétaux qui tapissent les montagnes, les terres en pente, les chemins, et qui, habilement dirigées sur une herbière, déposent pendant leur séjour, qui devra durer le plus possible, des éléments de la plus haute fertilité.

FÉVRIER.

Jours.	Dates.	SAINTS.	J. de L.	Lever du Soleil.		Coucher du Soleil.		Lever de la Lune.		Coucher de la Lune.	
DIM.	1	s. Ignace.	12	7	34	4	55	0 soir.	48	3 matin.	33
lun.	2	PURIFICATION.	13	7	33	4	56	1	31	4	40
mar.	3	s. Blaise.	14	7	31	4	58	2	26	5	44
mer.	4	s. Gilbert.	15	7	30	4	59	3	31	6	39
jeu.	5	ste Agathe.	16	7	28	5	1	4	43	7	26
ven.	6	s. Wast.	17	7	27	5	3	6	1	8	4
sam.	7	s. Romuald.	18	7	25	5	4	7	23	8	35
DIM.	8	*Sept.* s. Jean de M.	19	7	24	5	6	8	45	9	3
lun.	9	ste Apolline.	20	7	22	5	8	10	5	9	29
mar.	10	ste Scholastique.	21	7	21	5	9	11	25	9	55
mer.	11	s. Séverin.	22	7	19	5	11	—	—	10	21
jeu.	12	ste Eulalie.	23	7	17	5	13	0 matin.	43	10	49
ven.	13	s. Lezin.	24	7	16	5	14	1	57	11	21
sam.	14	s. Valentin.	25	7	14	5	16	3	9	11	59
DIM.	15	*Sex.* s. Faust.	26	7	12	5	18	4	14	—	45
lun.	16	s. Julien.	27	7	10	5	19	5	11	0 soir.	38
mar.	17	s. Sylvain.	28	7	9	5	21	5	59	1	37
mer.	18	s. Simon.	29	7	7	5	23	6	38	2	40
jeu.	19	s. Gabin.	30	7	5	5	24	7	10	4	45
ven.	20	st Eucher.	1	7	3	5	26	7	38	5	51
sam.	21	s. Pepin.	2	7	1	5	27	8	1	6	56
DIM.	22	*Quin.* Ch. s. Pierre.	3	7	0	5	29	8	21	7	59
lun.	23	ste Isabelle.	4	6	58	5	31	8	41	9	1
mar.	24	s Mathias. *m. g.*	5	6	56	5	32	9	1	10	4
mer.	25	*Cendres.*	6	6	54	5	34	9	21	11	9
jeu.	26	s. Alexis.	7	6	52	5	36	9	44	—	—
ven.	27	s. Léandre.	8	6	50	5	37	10	10	0 matin.	14
sam.	28	s. Romain.	9	6	48	5	39	10	41	1	20
DIM.	29	*Quad.* s. Lod.	10	6	46	5	40	11	19	2	25

P. L. le 5, à 7 h. 2 m. du soir.　N. L. le 20, à 1 h. 4 m. du mat.
D. Q. le 12, à 10 h. 12 m. du m.　P Q. le 28, à 5 h. 41 m. du mat.

FÉVRIER.

Soins a donner au bétail.—Il y a des années où, dans ce mois, la température est douce, le gazon commence à verdir, mais l'herbe est encore peu abondante ; cependant le peu qu'il y a est une ressource pour le cultivateur, dont les fourrages d'hiver sont épuisés ; mais on ne doit pas moins continuer de donner aux vaches laitières à l'étable une nourriture substantielle accompagnée de boissons tièdes mélangées de farine ou de son. Après un mois de nourriture au lait pur, on commence à donner aux jeunes veaux que l'on désire élever du lait écrémé mélangé avec de la farine.

Soins a donner aux prairies et aux paturages.— On cure les fossés et les voies d'écoulement ; on recueille la boue des chemins qui avoisinent la ferme et l'on confectionne les composts ; on répand le fumier sur les prairies et on continue à pratiquer les opérations qui ont rapport au bon entretien du pré ; on dirige avec soin les eaux pluviales et celles de source au moyen de rigoles sur tous les points qui leur sont accessibles. Toutes sont fertiles.

Semaille des fourrages.—On procède aux premières semailles de printemps, telles que celles de féveroles, de spergule, de bisaille, d'orge et d'avoine ; on irrigue par submersion quand on a à sa disposition un cours d'eau ou une rivière.

Jours.	Dates.	SAINTS.	J. de L.	Lever du Soleil.		Coucher du Soleil.		Lever de la Lune.		Coucher de la Lune.	
lun.	1	s. Aubin.	11	6	44	5	42	0	6	3	27
mar.	2	s. Simplice.	12	6	42	5	44	1	5	4	24
mer.	3	ste Cunégond. Q. T.	13	6	40	5	45	2	15	5	14
jeu.	4	s. Casimir.	14	6	38	5	47	3	33	5	56
ven.	5	ste Colette.	15	6	36	5	48	4	55	6	31
sam.	6	s. Jean de D.	16	6	34	5	50	6	18	7	2
DIM.	7	*Rem.* s. Thomas,	17	6	32	5	51	7	41	7	30
lun.	8	s. Ferdinand.	18	6	30	5	53	9	3	7	56
mar.	9	ste Françoise.	19	6	28	5	54	10	25	8	22
mer.	10	s. Taraise.	20	6	26	5	56	11	44	8	50
jeu.	11	40 martyrs.	21	6	24	5	58	—	—	9	21
ven.	12	s. Polycarpe.	22	6	22	5	59	1	0	9	58
sam.	13	ste Euphrasie.	23	6	20	6	1	2	9	10	42
DIM.	14	*Oculi.* s. Lubin.	24	6	18	6	2	3	8	11	32
lun.	15	s. Longin.	25	6	15	6	4	3	59	0	29
mar.	16	s. Cyriaque.	26	6	13	6	5	4	40	1	31
mer.	17	s. Abraham.	27	6	11	6	7	5	13	2	36
jeu.	18	s. Alexandre.	28	6	9	6	8	5	42	3	42
ven.	19	s. Joseph.	29	6	7	6	10	6	6	4	46
sam.	20	s. Joachim.	30	6	5	6	11	6	28	5	50
DIM.	21	*Lœt.* s. Benoît.	1	6	3	6	13	6	48	6	53
lun.	22	s. Lée.	2	6	1	6	14	7	7	7	57
mar.	23	s. Victorien.	3	5	58	6	16	7	26	9	1
mer.	24	s. Gabriel.	4	5	56	6	17	7	47	10	5
jeu.	25	ANNONCIATION.	5	5	54	6	19	8	12	11	10
ven.	26	s. Ludger.	6	5	52	6	20	8	41	—	—
sam.	27	s. Rupert.	7	5	50	6	22	9	16	0	14
DIM.	28	*Passion.*	8	5	48	6	23	9	59	1	16
lun.	29	s. Eustase.	9	5	46	6	25	10	51	2	14
mar.	30	s. Rieule.	10	5	44	6	26	11	53	3	5
mer.	31	s. Gui.	11	5	42	6	28	1	5	3	49

P. L. le 6, à 5 h. 39 m. du matin.
D. Q. le 12, à 8 h. 39 m. du soir.
N. L. le 20, à 6 h. 52 m. du soir.
P. Q. le 28, à 8 h. 59 m. du soir.

MARS.

Bétail.—Ce mois est souvent le plus pénible à passer; les provisions d'hiver sont épuisées et les fourrages du printemps sont à peine ensemencés ou hors de terre; ceux qui ont été semés en automne sont encore très courts. En général, mars est sec et aride, et la température, loin de provoquer le développement de la végétation, au contraire l'annihile; aussi doit-on continuer aux vaches laitières les rations hivernales et les boissons mucilagineuses. On sèvre les veaux venus en janvier et en février, et on vend les veaux d'engrais qui ont atteint l'âge de deux ou trois mois

Prairies.—On irrigue avec les eaux pluviales, à moins qu'il ne soit possible de faire séjourner sur le pré les eaux qui garantissent ainsi par une couche assez épaisse de l'effet du hâle et des gelées blanches les jeunes pousses de l'herbe.

On divise avec des râteaux les engrais qui ont été répandus dans les mois précédents; on enlève les petites pierres et débris de bois que contenait le fumier; car, si ses ordures restaient sur l'herbe lors de la coupe des foins, elles abîmeraient la faux et rendraient la fauchaison difficile.

On répand aussi les engrais pulvérulents, tels que cendres, plâtres, etc. Pour les prairies sèches, on supprime le pâturage en cessant d'y envoyer le bétail.

Fourrages.—On sème le trèfle rouge de Hollande, le trèfle blanc, le ray-grass, la lupuline, la luzerne, les vesces de printemps, les pois, l'avoine, les rutabagas pour pépinières, les betteraves, la chicorée sauvage, les carottes, la moutarde noire, et le maïs pour fourrages, etc. On commence à planter les pommes de terre.

AVRIL.

Jours.	Dates.	SAINTS.	J. de L.	Lever du Soleil.	Coucher du Soleil.	Lever de la lune.	Coucher de la Lune.
jeu.	1	s. Hugues.	12	5 40	6 29	2 24 soir.	4 27 matin.
ven.	2	s. François de P.	13	5 37	6 31	3 46	4 59
sam.	3	s. Richard.	14	5 35	6 32	5 9	5 27
DIM.	4	*Rameaux.*	15	5 33	6 34	6 32	5 53
lun.	5	s. Elphage.	16	5 31	6 35	7 56	6 18
mar.	6	s. Prudent.	17	5 29	6 37	9 20	6 45
mer.	7	s. Hégésippe.	18	5 27	6 38	10 41	7 16
jeu.	8	ste Perpétue.	19	5 25	6 39	11 56	7 52
ven.	9	*Vendredi Saint.*	20	5 23	6 41	— —	8 34
sam.	10	ste Marie E.	21	5 21	6 42	1 2 matin.	9 24
DIM.	11	PAQUES.	22	5 19	6 44	1 57	10 20
lun.	12	ste Azélie.	23	5 17	6 45	2 41	11 22
mar.	13	ste Godeberte.	24	5 15	6 47	3 17	0 27 soir.
mer.	14	s. Justin.	25	5 13	6 48	3 47	1 33
jeu.	15	s. Paterne.	26	5 11	6 50	4 12	2 37
ven.	16	s. Fructueux.	27	5 9	6 51	4 34	3 41
sam.	17	s. Anicet.	28	5 7	6 53	4 54	4 45
DIM.	18	*Quasim.* s. Parfait.	29	5 5	6 54	5 13	5 49
lun.	19	s. Léon.	1	5 3	6 56	5 32	6 52
mar.	20	ste Ildegonde.	2	5 1	6 57	5 52	7 57
mer.	21	s. Léon.	3	4 59	6 59	6 15	9 3
jeu.	22	ste Opportune.	4	4 58	7 0	6 42	10 8
ven.	23	s. Georges.	5	4 56	7 2	7 14	11 11
sam.	24	s. Robert.	6	4 54	7 3	7 53	— —
DIM.	25	s. Marc.	7	4 52	7 5	8 42	0 10 soir.
lun.	26	s. Clet.	8	4 50	7 6	9 40	1 3
mar.	27	s. Anthime.	9	4 48	7 8	10 47	1 48
mer.	28	s. Polycarpe.	10	4 47	7 9	0 2 soir.	2 26
jeu.	29	s. Vital.	11	4 45	7 10	1 19	2 59
ven.	30	s. Eutrope.	12	4 43	7 12	2 38	3 28

P. L. le 4, à 2 h. 33 m. du soir. N. L. le 19, à 11 h. 54 m. du m.

D. Q. le 11, à 9 h. 9 m. du mat. P. Q. le 27, à 8 h. 12 m. du m.

AVRIL.

Bétail.—On nettoie et aère les étables; on réduit la ration d'hiver, même pour les vaches laitières, attendu que le fourrage vert commence; on continue l'engraissement des veaux et l'on ne manque pas d'élever ceux qui naissent dans ce mois; car, en général, ils sont forts. Dans cette saison, les nuits sont encore trop fraîches pour que l'on fasse coucher le bétail dehors. On commence la fabrication du fromage avec le lait des vaches, ainsi qu'avec celui des brebis dont l'agneau est sevré; enfin le bétail commence à manger du vert.

Prairies.—On commence les arrosements de printemps; il faut alors laisser couler l'eau sur les prés pendant deux ou trois jours, puis on les met à sec pendant un jour ou deux; car ici l'irrigation ne doit pas être aussi prolongée que de coutume et doit être beaucoup plus régulière, c'est-à-dire faite avec plus de précision et de soins.

On n'arrose plus avec de l'eau trouble et l'on redoute les gelées blanches; alors on met l'eau le soir, ou bien, si la gelée a sévi, afin d'éviter son action malfaisante, on arrose le matin.

On achève de nettoyer les prairies, on répand les taupières et on interdit le pâturage aux bestiaux, si l'on veut récolter du foin.

Fourrages.—Vers la fin du mois, on commence à récolter du fourrage vert en abondance, tel que seigle, trèfle incarnat, etc. On bine les féveroles et les topinambours; on sarcle les carottes, les rutabagas, les betteraves et les choux; on continue les semailles d'orge, de moutarde et de betteraves en place, et on achève de planter les pommes de terre.

On sème le maïs pour fourrage et on plante les choux cavaliers en bordure.

On sème encore la luzerne et le trèfle commun.

MAI.

Jours.	Dates.	SAINTS.	l. de l.	Lever du Soleil.	Coucher du Soleil.	Lever de la Lune.		Coucher de la Lune.	
sam.	1	s. Philippe.	13	4 41	7 13	4	*soir.* 0	3	*matin.* 53
DIM.	2	s. Athanase.	14	4 40	7 15	5	24	4	18
lun.	3	Inv. ste Croix.	15	4 38	7 16	6	48	4	43
mar.	4	ste Monique.	16	4 36	7 18	8	12	5	12
mer.	5	s. Augustin.	17	4 35	7 19	9	32	5	45
jeu.	6	s. Jean-P.-Lat.	18	4 33	7 20	10	44	6	24
ven.	7	s. Stanislas.	19	4 32	7 22	11	46	7	12
sam.	8	s. Désiré.	20	4 30	7 23	—	—	8	7
DIM.	9	s. Grégoire.	21	4 29	7 25	0	*matin.* 38	9	7
lun.	10	s. Gordien.	22	4 27	7 26	1	19	10	13
mar.	11	s. Mamert.	23	4 26	7 27	1	51	11	21
mer.	12	s. Porphyre.	24	4 24	7 29	2	18	0	*soir.* 28
jeu.	13	s. Servais.	25	4 23	7 30	2	41	1	32
ven.	14	s. Erambert.	26	4 21	7 31	3	1	2	35
sam.	15	ste Delphine.	27	4 20	7 33	3	20	3	39
DIM.	16	s. Honoré.	28	4 19	7 34	3	39	4	43
lun.	17	s. Pascal. *Rog.*	29	4 18	7 35	3	59	5	49
mar.	18	s. Eric.	30	4 16	7 37	4	21	6	54
mer.	19	s. Yves	1	4 15	7 38	4	45	8	0
jeu.	20	ASCENSION.	2	4 14	7 39	5	15	9	5
ven.	21	ste Virginie.	3	4 13	7 40	5	53	10	6
sam.	22	ste Julie.	4	4 12	7 42	6	39	11	1
DIM.	23	s. Didier.	5	4 11	7 43	7	33	11	49
lun.	24	ste Jeanne.	6	4 10	7 44	8	36	—	—
mar.	25	s. Urbain.	7	4 9	7 45	9	46	0	*matin* 29
mer.	26	s. Adolphe.	8	4 8	7 46	11	2	1	2
jeu.	27	s. Eildever.	9	4 7	7 47	0	*soir.* 20	1	30
ven.	28	s. Germain.	10	4 6	7 48	1	39	1	55
sam.	29	s. Maximin. *v. j.*	11	4 5	7 50	2	59	2	19
DIM.	30	PENTECOTE.	12	4 4	7 51	4	20	2	44
lun.	31	ste Emilie.	13	4 4	7 52	5	43	3	10

P. L. le 3, à 10 h. 32 m. du s. | N. L. le 19, à 3 h. 25 m. du m
P. Q. le 10, à 11 h. 32 m. du s. | D. Q. le 26, à 3 h. 48 m. du s.

MAI.

BÉTAIL. — Le fourrage vert remplace le sec à l'étable ; on le donne abondamment; on surveille la saillie des vaches qui commencent à cette époque à devenir en chaleur. On a soin de choisir un bon taureau qui aura la marque ou l'*écusson* des premiers ordres, comme on le voit aux figures de la classification. On voit si le bétail n'a pas besoin d'être saigné, ce qui se reconnaît aux yeux de l'animal qui sont larmoyants, et au blanc de l'œil qui est injecté de sang. On évite l'échauffement du fourrage vert; on le mélange avec du sec haché; on castre les veaux, etc. On peut faire coucher le bétail dehors.

PRAIRIES — On arrose encore régulièrement, comme en avril; mais on a soin de diminuer la quantité d'eau à mesure que l'herbe grandit et que la température devient plus chaude. Si le temps est sec, on arrose tous les deux jours, mais seulement pendant la nuit.

FOURRAGES. — On sème le maïs pour fourrage ; on sarcle et on laboure les betteraves, les choux, les carottes, les rutabagas, etc.; on herse les pommes de terre qui commencent à lever; on sème la cameline, le colza, la navette, les turneps et les vesces d'été; enfin, on récolte les fourrages verts, tels que le trèfle incarnat, luzerne et autres semés à la fin de l'été précédent.

Il y a trois espèces de trèfle incarnat ; elles se succèdent dans leur maturité de mois en mois, ce qui fait qu'il est possible d'en récolter du 10 avril jusqu'au 24 juin. Les trois variétés se sèment à la même époque, c'est-à-dire à la fin de juillet et en août.

On plante la courge pour fourrage.

JUIN.

Jours.	Dates.	SAINTS.	J. de L.	Lever du Soleil.		Coucher du Soleil.		Lever de la lune.		Coucher de la Lune.	
mar.	1	ste Pétronille.	14	4	3	7	53	7	4	3	39
mer.	2	s. Pothin. *Q. T.*	15	4	2	7	53	8	21	4	13
jeu.	3	s. Thierri.	16	4	2	7	54	9	30	4	57
ven.	4	ste Clotilde.	17	4	1	7	55	10	28	5	50
sam.	5	s. Quérin.	18	4	1	7	56	11	15	6	50
Dim.	6	*Trin.* s. Clément.	19	4	0	7	57	11	52	7	56
lun.	7	s. Boniface.	20	4	0	7	58	—	—	9	4
mar.	8	s. Médard.	21	3	59	7	59	0	21	10	11
mer.	9	s. Paul.	22	3	59	7	59	0	45	11	18
jeu.	10	FÊTE-DIEU.	23	3	58	8	1	1	5	0	24
ven.	11	s. Barnabé.	24	3	58	8	1	1	25	1	29
sam.	12	s. Landri.	25	3	58	8	2	1	44	2	32
Dim.	13	s. Basilide.	26	3	58	8	2	2	3	3	36
lun.	14	s. Antoine de Pad.	27	3	58	8	3	2	24	4	41
mar.	15	s. Modeste.	28	3	58	8	3	2	48	5	48
mer.	16	s. Ruffin.	29	3	58	8	3	3	17	6	55
jeu.	17	s. Fargeau.	30	3	58	8	4	3	52	7	58
ven.	18	s. Avit.	1	3	58	8	4	4	35	8	56
sam.	19	s. Gervais s. Protais.	2	3	58	8	5	5	28	9	47
Dim.	20	s. Silvère.	3	3	58	8	5	6	29	10	31
lun.	21	s. Leufroi.	4	3	58	8	5	7	30	11	7
mar.	22	s. Paulin.	5	3	58	8	5	8	53	11	36
mer.	23	s. Félix.	6	3	59	8	5	10	9	—	—
jeu.	24	s. *Jean-Baptiste.*	7	3	59	8	5	11	26	0	1
ven.	25	s. Prosper.	8	3	59	8	5	0	44	0	25
sam.	26	s. Babolein.	9	4	0	8	5	2	3	0	48
Dim.	27	s. Crescent.	10	4	0	8	5	3	22	1	11
lun.	28	s. Irénée.	11	4	1	8	5	4	41	1	37
mar.	29	s. *Pierre*, s. *Paul.*	12	4	1	8	5	5	59	2	9
mer.	30	Comm. de s. Paul.	13	4	2	8	5	7	12	2	49

P. L. le 2, à 6 h. 35 m. du m. | N. L. le 17, à 4 h. 56 m. du s.
P. Q. le 9, à 3 h. 24 m. du s. | P.Q. le 24, à 8 h. 56 m. du soir.

JUIN.

Bétail.—La chaleur, qui dans cette saison est grande, inquiète les bestiaux par la quantité de mouches qui les suivent, surtout à l'étable; alors, pour ménager des courants d'air dans les écuries, on tend aux ouvertures des toiles claires qui empêchent les mouches de pénétrer et permettent à l'air de se renouveler sans cesse.

On s'occupe, comme dans le mois précédent, de savoir si le bétail a besoin d'être saigné.

Prairies.— Si la saison est humide, on n'irrigue plus; si au contraire elle est sèche, on arrose une fois ou deux par semaine et pendant la nuit.

Une semaine au moins avant la fauchaison, on cesse d'arroser.

Fourrages.—On prépare les emplacements qui doivent recevoir les foins; on augmente la litière des animaux; on vide souvent les étables; on cure les fossés, les mares et les étangs; on soigne, on arrose et on entretient bien les fumiers; on bine les récoltes sarclées; on butte les pommes de terre; on repique les choux et les betteraves; on sème le sarrasin, les navets, le sainfoin et du maïs pour être coupé en vert. Dans le midi, la culture dn maïs comme fourrage est fort importante.

JUILLET.

Jours.	Dates.	SAINTS.	J. de L.	Lever du Soleil.		Coucher du Soleil.		Lever de la Lune.		Coucher de la Lune.	
jeu.	1	s. Martial.	14	4	2	8	4	8	15	3	37
ven.	2	Visitation de N.-D.	15	4	3	8	4	9	7	4	33
sam.	3	s. Anatole.	16	4	4	8	4	9	48	5	37
Dim.	4	Trans. de S. Mart.	17	4	4	8	4	10	21	6	45
lun.	5	ste Zoé, *martyre*.	18	4	5	8	3	10	47	7	54
mar.	6	s. Tranquille.	19	4	6	8	3	11	8	9	3
mer.	7	ste Aubierge.	20	4	7	8	2	11	28	10	10
jeu.	8	ste Priscille.	21	4	7	8	2	11	48	11	15
ven.	9	ste Véronique.	22	4	8	8	1	—	—	0	18
sam.	10	ste Félicité.	23	4	9	8	0	0	8	1	21
Dim.	11	Trans. de st Benoît.	24	4	10	8	0	0	28	2	25
lun.	12	s. Gualbert.	25	4	11	7	59	0	50	3	30
mar.	13	s. Turiaf.	26	4	12	7	58	1	17	4	34
mer.	14	s. Bonaventure.	27	4	13	7	57	1	50	5	40
jeu.	15	s. Henri.	28	4	14	7	57	2	29	6	44
ven.	16	*N.-D. D..M.-C.*	29	4	15	7	56	3	16	7	41
sam.	17	s. Alexis.	1	4	16	7	55	4	15	8	28
Dim.	18	s. Clair.	2	4	17	7	54	5	25	9	7
lun.	19	s. Vincent de Paul.	3	4	19	7	53	6	40	9	39
mar.	20	ste Marguerite.	4	4	20	7	52	7	57	10	7
mer.	21	s. Victor.	5	4	21	7	51	9	15	10	32
jeu.	22	ste Madeleine.	6	4	22	7	50	10	33	10	54
ven.	23	s. Apollinaire.	7	4	23	7	49	11	51	11	17
sam.	24	ste Christine. *Vig*.	8	4	24	7	47	1	9	11	41
Dim.	25	s. Jacques, s. Chris.	9	4	26	7	46	2	28	—	—
lun.	26	Trans. de S. Marc.	10	4	27	7	45	3	45	0	9
mar.	27	st Pantaléon.	11	4	28	7	44	4	57	0	44
mer.	28	ste Anne.	12	4	30	7	42	6	2	1	27
jeud.	29	ste Marthe.	13	4	31	7	41	6	58	2	19
ven	30	s. Abdon.	14	4	32	7	40	7	44	3	21
sam.	31	s. Germain l'Auxer.	15	4	33	7	38	8	20	4	28

P. L. le 1. à 3 h. 37 m. du soir. | P. Q. le 24, à 1 h. 11 m. du m
D. Q. le 9. à 8 h. 16 m. du m. | P. L. le 31, à 2 h. 21 m. du m.
N. L. le 17, à 4 h. 24 m. du m.

JUILLET.

BÉTAIL. — On fait pâturer matin et soir les vaches laitières dans les vergers et les clos où l'herbe est abondante, attendu qu'il importe d'éviter à la bête la fatigue qu'occasionne une longue route et l'inquiétude que donne le voisinage d'un troupeau trop nombreux, lequel le plus souvent est composé de jeunes élèves et d'animaux de travail. Le calme et la tranquillité influent grandement sur la nature et la production du lait.

PRAIRIES. — On procède à la récolte du foin; cette opération terminée, on laisse la prairie pendant une semaine ou deux à sec, et alors, quand on aperçoit que les pieds des tiges qui ont été coupées sont morts et que l'herbe pousse à la racine, on procède à des arrosements avec beaucoup de discernement et de soins. On commence à ne donner de l'eau qu'une partie de la nuit et au commencement, afin que la jeune pousse ait le temps de se ressuyer avant la chaleur du jour.

FOURRAGES. — On continue à donner des soins aux récoltes sarclées; on sème encore des navets, du sarrasin, de la moutarde blanche et du maïs. On sème aussi les premiers trèfles incarnats. On récolte de la navette, de l'escourgeon, de l'avoine, du trèfle, de la luzerne, etc., etc. Le fourrage est abondant partout et de très bonne qualité. C'est aussi à cette époque que l'on continue à faire ses provisions d'hiver.

AOUT.

Jours.	Dates.	SAINTS.	J. de L.	Lever du Soleil.	Coucher du Soleil.	Lever de la Lune.	Coucher de la Lune.
Dim.	1	s. Pierre ès liens.	16	4 35	7 37	8 49 soir.	5 37 matin.
lun.	2	s. Etienne, *p.*	17	4 36	7 35	9 14	6 45
mar.	3	Inv. de s. Etienne.	18	4 37	7 34	9 34	7 55
mer.	4	s. Dominique.	19	4 39	7 32	9 52	9 1
jeu.	5	s. Yon, *martyr.*	20	4 40	7 31	10 11	10 5
ven.	6	Transfig. de N.-S.	21	4 41	7 29	10 30	11 9
sam.	7	s. Gaëtan.	22	4 43	7 27	10 51	0 14 soir.
Dim.	8	s. Justin.	23	4 44	7 26	11 16	1 18
lun.	9	s. Spire. *Vig.*	24	4 46	7 24	11 45	2 21
mar.	10	s. Laurent.	25	4 47	7 22	— —	3 25
mer.	11	Susc. de la ste Croix.	26	4 48	7 21	0 20 matin.	4 28
jeu.	12	ste Claire.	27	4 50	7 19	1 4	5 26
ven.	13	s. Hippolyte.	28	4 51	7 17	1 58	6 18
sam.	14	s. Eusèbe. *Vigile j.*	29	4 53	7 16	3 4	7 2
Dim.	15	ASSOMPTION.	30	4 54	7 14	4 18	7 38
lun.	16	s. Roch.	1	4 55	7 12	5 36	8 8
mar.	17	s. Mamert.	2	4 57	7 10	6 56	8 35
mer.	18	ste Hélène.	3	4 58	7 8	8 18	9 0
jeu.	19	s. Louis, *évêque.*	4	5 0	7 6	9 38	9 22
ven.	20	s. Bernard.	5	5 1	7 4	10 58	9 46
sam.	21	s. Privat.	6	5 2	7 2	0 17 soir.	10 13
Dim.	22	s. Symphorien.	7	5 4	7 1	1 35	10 45
lun.	23	s. Sidoine, *évêque.*	8	5 5	6 59	2 50	11 26
mar.	24	s. Barthélemi.	9	5 7	6 57	3 57	— —
mer.	25	s. Louis, *roi.*	10	5 8	6 55	4 55	0 15 matin.
jeu.	26	s. Zéphirin.	11	5 9	6 53	5 43	1 11
ven.	27	s. Césaire.	12	5 11	6 51	6 21	2 15
sam.	28	s. Augustin.	13	5 12	6 49	6 51	3 23
Dim.	29	Décollat. de s. J.-B.	14	5 14	6 47	7 16	4 32
lun.	30	s. Fiacre.	15	5 15	6 45	7 37	5 40
mar.	31	s. Ovide.	16	5 17	6 43	7 56	6 47

D. Q. le 8 à 1 h. 36 m. du mat. | P. Q. le 22, à 6 h. 11 m. du m.
N. L. le 15, à 2 h. 7 m. du soir. | P. L. le 29, à 3 h. 16 m. du m

AOUT.

Bétail. — Au lieu d'envoyer le bétail à la prairie, on le conduit sur les chaumes, où il trouve un pâturage quelquefois abondant, mais toujours fort bon. A l'herbe, qui naturellement pousse surtout dans les terres humides, et celles qui sont riches et humides, se trouve mélangée une certaine quantité d'épis, qui n'ont même pas été aperçus des glaneurs et qui sont recher-chés avec avidité par les bêtes à cornes pour lesquelles ils sont une excellente nourriture.

Dans cette saison l'eau est presque toujours rare, aussi faut-il avoir soin de n'en pas laisser manquer le bétail, qui ne peut pas toujours s'en procurer.

Prairies. — Après la fauchaison, les prés tourbeux et ma-récageux demandent à l'irrigation une très grande quantité d'eau. Ce terrain, par sa nature spongieuse, retient peu l'hu-midité; il n'en est pas de même des prés humides et argileux qui ne craignent par les sécheresses, et qui, dans cette saison, n'ont pas toujours besoin d'être arrosés. Dans tous les cas, quelle que soit la nature du fond de la prairie, lorsque l'herbe a acquis quelque hauteur, elle demande à être peu humectée.

Fourrages. — On prépare les terrains pour les semailles d'hiver, tels que seigle, féveroles, etc. On sème le trèfle incar-nat, le colza, la navette, et on achève de nettoyer les récoltes sarclées.

SEPTEMBRE.

Jours.	Dates.	SAINTS.	J. de L.	Lever du Soleil.		Coucher du Soleil.		Lever de la Lune.		Coucher de la Lune.	
mer.	1	s. Leu, s. Gilles.	17	5	18	6	41	8	15	7	53
jeu.	2	s. Lazare.	18	5	20	6	39	8	33	8	57
ven.	3	s. Grégoire.	19	5	21	6	37	8	53	10	0
sam.	4	ste Rosalie.	20	5	22	6	35	9	15	11	4
DIM.	5	s. Bertin.	21	5	24	6	33	9	42	0	9
lun.	6	s. Onésipe.	22	5	25	6	30	10	15	1	14
mar.	7	s. Cloud.	23	5	27	6	28	10	53	2	17
mer.	8	NAT. DE LA VIERGE.	24	5	28	6	26	11	44	3	16
jeu.	9	s. Omer, *évêque*.	25	5	29	6	24	—	—	4	9
ven.	10	ste Pulchérie.	26	5	31	6	22	0	43	4	56
sam.	11	s. Patient, *évêque*.	27	5	32	6	20	1	53	5	35
DIM.	12	s. Cerdot.	28	5	34	6	18	3	10	6	5
lun.	13	s. Aimé.	29	5	35	6	16	4	32	6	32
mar.	14	Exalt. de la ste Cr.	1	5	37	6	14	5	54	6	57
mer.	15	s. Nicomède. Q.-T.	2	5	38	6	11	7	16	7	22
jeu.	16	s. Cyprien.	3	5	39	6	9	8	40	7	46
ven.	17	s. Lambert.	4	5	41	6	7	10	3	8	12
sam.	18	s. Jean Chrys.	5	5	42	6	5	11	24	8	44
DIM.	19	s. Janvier.	6	5	44	6	3	0	40	9	23
lun.	20	s. Eustache.	7	5	45	6	1	1	50	10	11
mar.	21	s. Mathieu.	8	5	47	5	59	2	52	11	7
mer.	22	s. Maurice.	9	5	48	5	57	3	42	—	—
jeu.	23	ste Thècle, *vierge*.	10	5	49	5	54	4	22	0	8
ven.	24	s. Andoche.	11	5	51	5	52	4	55	1	14
sam.	25	s. Firmin.	12	5	52	5	50	5	21	2	22
DIM.	26	ste Justine.	13	5	54	5	48	5	43	3	28
lun.	27	s. Côme et s. Damien.	14	5	55	5	46	6	3	4	34
mar.	28	s. Céran.	15	5	57	5	44	6	22	5	41
mer.	29	s. Michel.	16	5	58	5	42	6	40	6	46
jeu.	30	s. Jérôme.	17	6	0	5	40	6	58	7	51

D Q. le 6, à 6 h. 54 m. du soir. | P. Q. le 20, à 1 h. 27 m. du s.
N. L. le 13, à 10 h. 48 m. du s. | P. L. le 28, à 6 h. 34 m. du s.

SEPTEMBRE.

Bétail. — On continue à donner du fourrage vert aux vaches laitières et on les fait pacager. On surveille le bétail avec attention pour s'assurer si la saignée n'a pas besoin d'être pratiquée, car à cette époque le bétail est abondamment nourri, et il n'est pas rare de voir le sang le gêner.

Prairies. — On récolte le regain. Comme pour le foin, on cesse au moins quinze jours à l'avance toute irrigation, autrement il ne serait pas possible d'obtenir une dessiccation assez complète pour que le regain puisse se conserver.

Fourrages. — On plante le colza d'hiver; on sème les féveroles, le seigle, l'escourgeon, l'avoine, les vesces, la jarosse, les pois gris. On repique les choux cavaliers, et l'on sème en récolte dérobée l'aspergule, le moutardon et le colza. On récolte les betteraves, les carottes, les pommes de terre et les topinambours.

OCTOBRE.

Jours.	Dates.	SAINTS.	J. de L.	Lever du Soleil.		Coucher du Soleil.		Lever de la Lune.		Coucher de la Lune.	
ven.	1	s. Remi. *évéque*.	18	6	1	5	37	7	19	8	56
sam.	2	sts Anges gardiens.	19	6	3	5	35	7	44	10	0
Dim.	3	s. Denis, Ar.	20	6	4	5	33	8	13	11	3
lun.	4	s. François d'Assise.	21	6	6	5	31	8	48	0	5
mar.	5	ste Aure, *vierge*.	22	6	7	5	29	9	33	1	5
mer.	6	s. Bruno.	23	6	8	5	27	10	27	1	59
jeu.	7	s. Serge et s. B.	24	6	10	5	25	11	30	2	47
ven.	8	ste Thaïs.	25	6	11	5	23	—	—	3	28
sam.	9	s. Denis, *évéque*.	26	6	13	5	21	0	42	4	2
Dim.	10	s. Géréon, *martyr*.	27	6	15	5	19	1	59	4	31
lun.	11	s. Firmin.	28	6	16	5	17	3	20	4	57
mar.	12	s. Vilfride.	29	6	18	5	15	4	44	5	21
mer.	13	s. Edouard.	1	6	19	5	13	6	9	5	45
jeu.	14	s. Caliste.	2	6	21	5	11	7	34	6	11
ven.	15	ste Thérèse.	3	6	22	5	9	8	59	6	42
sam.	16	s. Léopold.	4	6	24	5	7	10	22	7	19
Dim.	17	s. Cerboney.	5	6	25	5	5	11	40	8	3
lun.	18	s. Luc, *évéque*.	6	6	27	5	3	0	47	8	56
mar.	19	s. Savinien.	7	6	28	5	1	1	41	9	57
mer.	20	s. Sendou.	8	6	30	4	59	2	25	11	3
jeu.	21	ste Ursule.	9	6	31	4	57	3	0	—	—
ven.	22	s. Mellon.	10	6	33	4	55	3	27	0	11
sam.	23	s. Hilarion.	11	6	35	4	53	3	49	1	19
Dim.	24	s. Magloire.	12	6	36	4	52	4	9	2	27
lun.	25	s. Crépin et s. Cr.	13	6	38	4	50	4	28	3	33
mar.	26	s. Rustique.	14	6	39	4	48	4	46	4	38
mer.	27	s. Frumen, *Vig*.	15	6	41	4	46	5	4	5	43
jeu.	28	s. Simon et s. Jude.	16	6	43	4	44	5	23	6	49
ven.	29	s. Faron, *évéque*.	17	6	44	4	43	5	46	7	35
sam.	30	s. Lucain. *Vig. j.*	18	6	46	4	41	6	15	9	0
Dim.	31	s. Quentin.	19	6	47	4	40	6	49	10	2

D. Q. le 6, à 10 h. 46 m. du m. | P. Q. le 20, à 0 h. 5 m. du m.
N. L. le 13, à 7 h. 24 m. du m. | P. L. le 28, à 0 h. 4 m. du m.

OCTOBRE.

Bétail. — Le fourrage vert est abondant et humide. On augmente la litière. On mélange le fourrage vert avec le sec, en augmentant chaque jour la proportion de ce dernier, afin que la transaction du vert au sec ne soit pas brusque. On castre les jeunes veaux et les taureaux de réforme. On sèvre les veaux que l'on veut élever. On cure les étables, on les nettoie, et on s'occupe des dispositions que nécessite l'approche de l'hiver.

Prairies. — On cure les canaux et les rigoles, et on met le pré en état de profiter avantageusement des premières pluies d'automne, qui sont très fertiles par la masse des substances végétales et terreuses qu'elles entraînent avec elles. On peut laisser couler l'eau sans interruption et arroser avec abondance. Cependant, si le fond est glaiseux, on arrêtera l'eau quand le gazon commencera à trop se ramollir.

Fourrages. — On continue l'arrachage des betteraves, des rutabagas, des carottes et des pommes de terre. On s'occupe de leur conservation pendant l'hiver, soit dans des silos, soit dans des celliers.

On commence à effeuiller les choux cavaliers.

Jours.	Dates.	SAINTS.	J. de l.	Lever du Soleil.	Coucher du Soleil	Lever de la Lune.	Coucher de la Lune.
lun.	1	TOUSSAINT.	20	6 49	4 38	7 soir. 29	11 m. 1
mar.	2	Trépassés.	21	6 51	4 36	8 18	11 56
mer.	3	s. Marcel, *év.*	22	6 52	4 35	9 17	0 soir. 44
jeu.	4	s. Charles.	23	6 54	4 33	10 24	1 27
ven.	5	ste Bertilde.	24	6 55	4 32	11 37	2 4
sam.	6	s. Léonard.	25	6 57	4 30	— —	2 33
DIM.	7	s. Wilbrod.	26	6 59	4 28	0 51	2 58
lun.	8	stes Reliques.	27	7 0	4 27	2 matin. 13	3 22
mar.	9	s. Mathurin.	28	7 2	4 26	3 34	3 45
mer.	10	s. Léon.	29	7 3	4 24	4 57	4 9
jeu.	11	s. Martin.	30	7 5	4 23	6 23	4 35
ven.	12	s. René, *év.*	1	7 7	4 22	7 50	5 7
sam.	13	s. Brice, *év.*	2	7 8	4 20	9 14	5 48
DIM.	14	s. Achille.	3	7 10	4 19	10 30	6 40
lun.	15	s. Eugène.	4	7 11	4 18	11 34	7 42
mar.	16	s. Eucher.	5	7 13	4 17	0 soir. 24	8 49
mer.	17	s. Agnan.	6	7 14	4 15	1 1	9 59
jeu.	18	ste Aude.	7	7 16	4 14	1 30	11 8
ven.	19	ste Elisabeth.	8	7 18	4 13	1 55	— —
sam.	20	s. Edmond.	9	7 19	4 12	2 16	0 matin. 17
DIM.	21	Prés. de la Vierge.	10	7 21	4 11	2 34	1 23
lun.	22	ste Cécile.	11	7 23	4 10	2 51	2 28
mar.	23	s. Clément.	12	7 24	4 9	3 10	3 32
mer.	24	ste Flore, *vierge.*	13	7 25	4 9	3 30	4 37
jeu.	25	ste Catherine.	14	7 27	4 8	3 51	5 42
ven.	26	ste Geneviève d. A.	15	7 28	4 7	4 15	6 48
sam.	27	s. Sosthènes.	16	7 29	4 6	4 46	7 53
DIM.	28	s. Sever.	17	7 31	4 6	5 26	8 55
lun.	29	s. Saturnin.	18	7 32	4 5	6 14	9 51
mar.	30	s. André.	19	7 33	4 4	7 10	10 42

D. Q. le 5, à 0 h. 50 m. du mat. | P. Q. le 18, à 2 h. 37 m. du soir.
N. L. le 11, à 4 h. 50 m. du soir. | P. L. le 26, à 6 h. 50 m. du soir.

NOVEMBRE.

BÉTAIL. — Dans certaines contrées, on cesse d'envoyer les vaches laitières au pâturage ; alors on continue à les bien nourrir, à tenir les étables très propres et bien fermees; on les sort tous les jours pour prendre l'air, soit dans quelque pacage sec ou dans une vaste cour, ou bien on les conduit à l'abreuvoir.

PRAIRIES. — Si, par l'effet de l'arrosement du mois d'octobre, l'herbe a poussé et est verte, on n'arrose en novembre que par intervalles et en ayant soin de mettre le pré à sec après quelques jours d'arrosements; si, au contraire, les arrosements n'ont pas été copieux en octobre, et que l'herbe n'ait pas bien poussé et ne soit pas d'un vert foncé, on arrose copieusement.

Si on craint les gelées, on détourne l'eau, et on met le pré à sec.

FOURRAGES. — On finit de recueillir les fourrages-racines, et on s'occupe de leur conservation. On arrache les navets et l'on récolte les topinambours. On continue à effeuiller les choux cavaliers.

On sème la vesce d'hiver et les jarosses.

Jours.	Dates.	SAINTS.	J. de L.	Lever du Soleil.		Coucher du Soleil.		Lever de la Lune.		Coucher de la Lune.	
mer.	1	s. Eloi, év.	20	7	35	4	4	8	14	11	27
jeu.	2	s. François-Xavier.	21	7	36	4	3	9	23	0	6
ven.	3	s. Mirocle.	22	7	37	4	3	10	36	0	36
sam.	4	ste Barbe.	23	7	38	4	2	11	52	1	1
Dim.	5	s. Sabas.	24	7	40	4	2	—	—	1	25
lun.	6	s. Nicolas.	25	7	41	4	2	1	9	1	47
mar.	7	s. Fare.	26	7	42	4	2	2	29	2	10
mer.	8	CONCEPT. DE N-D.	27	7	43	4	1	3	52	2	34
jeu.	9	s. Léocade.	28	7	44	4	1	5	17	3	0
ven.	10	ste. Valère.	29	7	45	4	1	6	41	3	35
sam.	11	s. Fuscien.	1	7	46	4	1	8	1	4	23
Dim.	12	s. Damas.	2	7	47	4	1	9	13	5	21
lun.	13	ste Luce, *vierge.*	3	7	48	4	1	10	13	6	26
mar.	14	s. Nicaise.	4	7	49	4	1	11	0	7	36
mer.	15	s. Mesmin. Q.-T.	5	7	50	4	2	11	33	8	50
jeu.	16	ste Adélaïde.	6	7	50	4	2	11	59	10	1
ven.	17	ste Olympe.	7	7	51	4	2	0	22	11	11
sam.	18	s. Gratien.	8	7	52	4	2	0	42	—	—
Dim.	19	s. Meuris.	9	7	52	4	3	0	59	0	18
lun.	20	s. Philogone.	10	7	53	4	3	1	17	1	23
mar.	21	s. Thomas, *apôtre.*	11	7	54	4	4	1	35	2	26
mer.	22	s. Honorat.	12	7	54	4	4	1	55	3	31
jeu.	23	ste Victoire.	13	7	54	4	5	2	19	4	37
ven.	24	s. Yves. *Vigile j.*	14	7	55	4	5	2	48	5	42
sam.	25	NOEL.	15	7	55	4	6	3	24	6	45
Dim.	26	s. *Etienne.*	16	7	56	4	7	4	9	7	46
lun.	27	s. Jean, *apôtre.*	17	7	56	4	8	5	3	8	41
mar.	28	sts Innocents.	18	7	56	4	8	6	5	9	29
mer.	29	s. Thomas de Cant.	19	7	56	4	9	7	14	10	8
jeu.	30	ste Colombe.	20	7	56	4	10	8	27	10	40
ven.	31	s. Sylvestre.	21	7	56	4	11	9	42	11	7

D. Q. le 4, à 0 h. 32 m. du soir. | P. Q. le 18, à 8 h. 48 m. du m.
N. L. le 11, à 3 h. 41 m. du mat. | P. L. le 26, à 1 h. 19 m. du soir.

DÉCEMBRE.

BÉTAIL. — On augmente la litière sous le bétail afin de le tenir chaudement et à sec. On nettoie et aère les étables, et on s'occupe des vaches pleines qui approchent du terme du vélage. Quinze jours avant de faire le veau on augmentera la nourriture, et après le part on continuera à largement nourrir. Si le temps le permet, on peut faire pâturer les jeunes élèves, les vaches pleines et le bétail de travail dans les prés secs. On casse la glace, si l'eau est glacée, pour que les animaux puissent boire; autrement ils dépériraient.

PRAIRIES. — Si le temps est doux, on continue à arroser pendant quelques jours, on met le pré à sec et on arrose encore, et ainsi alternativement jusqu'à ce que la température vienne y mettre obstacle; car il faut toujours avoir soin de cesser d'une manière absolue les arrosements dès que la gelée se fera pressentir.

FOURRAGES. — La nourriture sèche ayant remplacé complétement la nourriture verte, il est bon de donner, aux vaches laitières surtout, des racines, cuites ou crues, mélangées avec de la farine de seigle ou du son de froment, et autant que possible à l'état sec ou bien humide, mais dans ce dernier cas tiède.

TABLEAU

DES GRANDES MARÉES POUR 1852.

Mois.	Jours et heures de la zyzygie.	Haut.
JANVIER......	P. L. le 7, à 6 h. 18 m. mat.	0,90
	N. L. le 21, à 7 h. 36 m. mat.	0,83
FÉVRIER......	P. L. le 5, à 7 h. 2 m. soir.	1,01
	N. L. le 20, à 1 h. 4 m. mat.	0,85
MARS........	P. L. le 6, à 5 h. 39 m. mat.	0,13
	N. L. le 20, à 6 h. 52 m. soir.	0,87
AVRIL.......	P. L. le 4, à 2 h. 33 m. soir.	1,16
	N. L. le 19, à 11 h. 54 m. mat.	0,85
MAI.........	P. L. le 3, à 10 h. 33 m. soir.	1,08
	N. L. le 19, à 3 h. 25 m. mat.	0,81
JUIN........	P. L. le 2, à 6 h. 35 m. mat.	0,95
	N. L. le 17, à 4 h. 56 m. soir.	0,79
JUILLET.....	P. L. le 1, à 3 h. 37 m. soir.	0,86
	N. L. le 17. à 4 h. 24 m. mat.	0,85
	P. L. le 31, à 2 h. 21 m. mat.	0,84
AOUT........	N. L. le 15, à 2 h. 7 m. soir.	0,97
	P. L. le 29, à 3 h. 16 m. soir.	0,87
SEPTEMBRE...	N. L. le 13, à 10 h. 48 m. soir.	1,11
	P. L. le 28, à 6 h. 34 m. mat.	0,88
OCTOBRE......	N. L. le 13, à 7 h. 24 m. mat.	1,15
	P. L. le 28, à 0 h. 4 m. mat.	0,84
NOVEMBRE....	N. L. le 11, à 4 h. 50 m. soir.	1,09
	P. L. le 26, à 6 h. 50 m. soir.	0,79
DÉCEMBRE....	N. L. le 11 à 3 h. 41 m. mat.	0,97
	P. L. le 26 à 1 h. 19 m. soir.	0,87

On a remarqué que, dans nos ports, les plus grandes marées suivent d'un jour et demi la nouvelle et la pleine lune. Ainsi, l'on aura l'époque où elles arrivent en ajoutant un jour et demi à la date des zyzygies. On voit, par ce tableau, que, pendant l'année 1852, les plus fortes marées seront celles du 7 février, du 7 mars. du 6 avril, du 5 mai, du 15 septembre, du 11 octobre et du 13 novembre. Ces marées, celles surtout du 6 avril et du 11 octobre, pourraient occasionner quelques désastres, si elles étaient favorisées par les vents.

HISTOIRE

DE LA DÉCOUVERTE DE F. GUENON.

Ma méthode, quoique inconnue encore à la masse des cultivateurs, date pourtant de près de quarante années. C'est en 1814, pour la première fois, que je découvris que certains signes naturels chez les animaux *révélaient par leurs formes*, chez les femelles de l'espèce bovine *surtout*, des dispositions plus ou moins grandes à la production lactifère.

Je remarquai d'abord, entre le pis et la vulve de la seule vache de la maison qui donnait du lait en abondance, une sorte de pellicule jaunâtre qui se détachait de cet endroit de la peau, en grattant légèrement avec la main. Cette première remarque me conduisit à en faire une autre non moins importante, parce que dans cet endroit le poil était disposé en contre-sens et recouvrait la partie du sac lactifère, et même l'intérieur des cuisses de l'animal. Cette chose, curieuse pour moi, frappa mon imagination, et c'est sous cette impression

que je commençai à chercher par comparaison si la grandeur de cet endroit où le poil se trouve au rebours con-
cordait toujours avec les qualités bonnes ou mauvaises
de la bête sous le rapport de la production lactifère.

Ces deux observations me conduisirent à expérimenter continuellement, et sans rien dire à personne, sur
le bétail que j'avais sous la main, et partout où mes travaux et mes affaires pouvaient alternativement m'ap-
peler.

Alors j'examinais avec soin, dans les diverses races,
les vaches que je rencontrais sur mon passage, et j'arri-
vais avec une telle promptitude à émettre un jugement
si exact sur les qualités de la bête, que les propriétaires
étonnés croyaient que je connaissais leurs bestiaux depuis longtemps. Aussi ces succès m'enhardirent au
point de me faire négliger mes autres travaux pour me
livrer d'une façon exclusive au commerce du bétail, qui
ne tarda pas à devenir ma seule et unique occupation.

Mais que l'on ne croie pas que j'ai fait la découverte
des signes lactifères dans un jour ni même dans une année; non, il m'en a fallu plusieurs. Aussi combien ai-je
eu à travailler, moi qui n'ai eu d'autre maître que moi-
même, d'autre livre que la nature! Combien il m'a fallu
d'observation et de persévérance pour comparer entre
eux tant de petits détails, pour en connaître la valeur

probable et leur corrélation réelle avec l'organisme de la bête elle-même! Combien de comparaisons de race à race, de lieux à lieux, de saison à saison, d'animaux à animaux! Quelle attention soutenue ne fallait-il pas avoir, et de combien de patience ne fallait-il pas être doué pour suivre la nature si impénétrable jusque dans ses plus minutieux détails afin d'arriver à la prendre sur le fait! Combinaisons, calculs, rectifications, rien ne m'arrêtait pour arriver à mon but, qui était celui de pouvoir déterminer la valeur significative et m'assurer si le signe caractéristique existait sur tous les animaux, s'il était visible dès la naissance, s'il augmentait ou diminuait avec l'âge, ou s'il disparaissait à quelque époque de la vie de l'individu. Mes observations sur les signes indicateurs me paraissaient de plus sûres en plus sûres et infaillibles, mais elles différaient suivant leur nature bonne ou mauvaise. Mes recherches furent alors incessantes, et j'arrivai enfin à entrevoir, dans les animaux que je comparai aux plantes, un *classement* possible, il y a mieux, une coordination sûre et positive et beaucoup moins compliquée que celle des végétaux. Désireux de réussir, je me mis alors sans relâche à la poursuite de cette idée qui ne me quittait plus; mais hélas! ce n'est qu'après bien des années de dépense, de peines et de soins que je suis arrivé à la réalisation complète de mon œuvre et à pouvoir organiser, d'après nature, ma classification.

Par suite de mes rapports perpétuels avec les marchands de bestiaux et les éleveurs, je me fortifiai dans la théorie et dans la pratique, et j'arrivai bientôt à acquérir dans le rayon que j'explorai une véritable réputation : les uns disaient que j'étais sorcier, tellement mes appréciations étaient exactes ; les autres attribuaient mon savoir à la routine et à l'habitude; on était loin de croire que ma méthode reposait sur des principes que je pouvais enseigner, sur des données scientifiques qu'un professeur peut transmettre à celui-là qui est désireux d'apprendre.

Quatorze années se passèrent à étudier, à m'instruire. Fort de mon savoir, en 1828 je pris la résolution d'aller à Bordeaux, et de faire part de ma découverte à l'Académie, devant laquelle j'expérimentai. Mes explications furent concluantes, et l'Académie des sciences me décerna une mention honorable et recommanda au préfet du département de la Gironde de protéger de tout son pouvoir la vulgarisation de ma méthode. L'Académie ne pouvait pas me récompenser autrement, par la raison que je ne l'avais pas initiée dans la connaissance des signes révélateurs des qualités lactifères et que ma méthode restait encore un secret pour tout le monde.

Les choses en restèrent là, et je continuai à travailler au perfectionnement de mon œuvre jusqu'en 1835, époque à laquelle je fis, à la sollicitation d'un grand nombre de propriétaires cultivateurs, imprimer ma méthode.

C'est de ce moment que datent mes tribulations. Je ne savais pas assez écrire pour rédiger moi-même mon livre. J'eus donc recours à un rédacteur qui interpréta si mal ma pensée qu'il la rendit inintelligible, même pour moi. Mon livre, imprimé à quatre mille exemplaires, m'avait coûté des frais considérables et du temps, et il me fut impossible d'en livrer un seul exemplaire au commerce. J'étais ruiné.

J'étais, je l'avoue, dans une véritable détresse, et c'est dans cet état qu'en 1837 la société d'agriculture de Bordeaux m'appela devant elle pour y faire des expériences qui furent si concluantes que la société m'accorda une médaille d'or et le titre de membre de la société. Je révélai mon secret aux membres de la commission qui trouvèrent ma méthode si importante et si simple, et dans l'intérêt de l'agriculture firent les premiers frais d'une nouvelle impression de mon livre; et ma méthode fut dès lors acquise à la publicité et mon secret livré à l'agriculture.

En 1838, la société d'agriculture d'Aurillac m'appela près d'elle pour expérimenter. La foule qui m'attendait était grande; on était curieux de me voir opérer. Par mes appréciations justes, j'édifiai tout le monde, et je reçus publiquement, à titre de récompense, une médaille d'or à l'effigie d'Olivier de Serre, et le titre de membre de la société. La même année, le comice agricole de Libourne me comptait au nombre des siens et me décernait une médaille d'or.

Je vins à Paris en 1839 pour expérimenter devant la société d'agriculture de la Seine; la société fut si satisfaite qu'elle vota en ma faveur une indemnité de 1,500 fr. pour me couvrir de mes frais de voyage. A la même époque, le comice agricole de Rosay (Seine-et-Marne) me décerna une médaille d'or et la qualité de membre. La même année, je recevais mon titre de membre du comice agricole de Bazas (Gironde).

La société d'agriculture de Melun (Seine-et-Marne), devant laquelle j'opérai en 1842, m'accordait une médaille d'or avec le titre de membre. Ce fut aussi la même année que je fus nommé membre des sociétés d'agriculture de Nantes et de Vannes (Morbihan), à la suite d'expériences faites devant elles.

L'année suivante, en 1843, je fus nommé membre des sociétés d'agriculture de Rennes, de Bourbon-Vendée, de la Rochelle, de Rochefort, de Saint-Jean-d'Angély, toujours à la suite d'expériences.

Une année après, en 1844, je reçus mon diplôme de membre des sociétés d'agriculture de Fontenay-le-Comte (Deux-Sèvres), de Nérac (Lot-et-Garonne) et de Toulouse.

En 1845, la société d'agriculture de Rouen, à la suite d'expériences renouvelées, me décerna une médaille d'or, me paya mes frais de voyages, et me vota une indemnité de *huit cents francs*. A la même époque, le congrès des cinq départements de la Normandie, après mes expériences, qui furent faites devant plus de 4,000 personnes, m'inscrivit au nombre de se membres, après m'avoir décerné une médaille d'argent du plus grand module.

L'année suivante, la société agricole de Villefranche demandait au gouvernement que ma méthode fût étudiée et mise en pratique dans toute la France ; en outre, elle m'envoyait un diplôme de membre de la société.

Je fus appelé à expérimenter devant le congrès central d'agriculture réuni à Paris en 1847. La satisfaction que je donnai à tous ces agronomes éminents leur fit émettre d'un commun accord les vœux suivants :

1° Que le gouvernement m'accorde une récompense publique, 2° qu'il fasse imprimer mon ouvrage aux frais de l'Etat, et 3° qu'il m'envoie répandre ma méthode, par des leçons orales et pratiques, sur tous les points de la France où l'élève du bétail a une certaine importance.

C'est à la suite de ce vœu important, puisqu'il était l'expression des notabilités agricoles de la France entière, que le ministre de l'agriculture décida que j'irais expé-

rimenter dans les vacheries de l'Etat et autres appartenant à des agriculteurs qui se livrent avec habileté à
l'élève du bétail et sous les yeux de commissions officielles. A l'issue de mes nombreuses opérations devant
les diverses commissions du gouvernement, le ministre
me fit allouer, à titre d'indemnité, une somme de
4,000 fr. On voit par là que le monde officiel commen-
çait enfin à comprendre la valeur de ma découverte ;
mais c'est aussi à ce moment que les jaloux commen-
cèrent à m'en vouloir, et que les faux savants aux gages
de la nation, contrariés de ne pas être les auteurs de
ma découverte, mirent en œuvre tous les moyens que
l'intrigue suggère et que la ruse invente pour éloigner
de moi la récompense que le gouvernement était décidé
à m'accorder. C'est alors que j'ai vu surgir autour de
moi de hauts fonctionnaires, escortés de leurs acolytes
habituels, pour combattre, par de honteux moyens,
clandestinement et dans l'ombre, ce qu'à la face du
soleil et devant tout le monde ils étaient forcés de
recommander comme bon et excellent. L'esprit de
couardise et de dénigrement existe au plus haut degré dans les ministères ; aussi est-ce là que j'ai vu, d'une
part, certains employés, en tête desquels je place le
grand vétérinaire de France, M. Yvart, entraver, à
l'insu de leur ministre, la propagation de ma méthode,
qui à leurs yeux avait un tort, celui de ne pas venir

d'eux. C'est encore là que j'ai vu, d'une autre part, les amis de ces hauts fonctionnaires contrefaire mon ouvrage dans le but de se l'approprier.

Cependant, envers et contre tous, en 1848, le ministre de l'agriculture décida que mon ouvrage serait rédigé de nouveau et imprimé à l'Imprimerie nationale aux frais de l'Etat; l'Assemblée constituante, de son côté, sur la proposition du comité d'agriculture qui existe dans son sein, — M. Durand-Savoyat, rapporteur, — propose qu'il me soit accordé, à titre de récompense nationale, une pension annuelle de 3,000 fr. ; deux lectures ont lieu sans aucune objection ; mais la Constituante est remplacée par la Législative, et, sur une proposition dictée par les bureaux de l'agriculture, le vote de ma pension d'honneur est ajourné. Pour le grand vétérinaire et sa coterie ce fut un triomphe, et pour le pauvre paysan une déception de plus à enregistrer.

Néanmoins, de son côté, le conseil général de l'agriculture, de l'industrie et du commerce, réuni à Paris en 1850, émet le vœu que ma méthode soit publiée et répandue dans toute la France, et que je sois envoyé aux frais de l'Etat dans les départements pour la propager; de l'autre, le ministre de l'agriculture, M. Dumas, interpellé à l'Assemblée législative par M. Howyn-Tranchère et plusieurs représentants, déclare à la tribune nationale qu'il prend l'engagement de m'envoyer dans les départements avec le traitement d'inspecteur général de l'agriculture, pour vulgariser ma méthode aussitôt que mon livre sera publié [*Moniteur* du 26, séance du 25 novembre 1850]. Mon livre a paru il y a longtemps, et j'attends toujours la réalisation des promesses du ministre pour aller vulgariser ma découverte.

La société d'agriculture de Meaux n'ignorait sans doute pas les mauvaises dispositions de MM. Yvart, Lefebvre Sainte-Marie et consorts, à l'endroit de ma méthode, quand elle m'appela, en 1851, pour expérimenter publiquement devant elle; car, après m'avoir décerné une médaille d'or et le titre de membre de la société, elle conclut son rapport sur mes expériences en disant que SI JE M'ÉTAIS MONTRÉ AUSSI RÉSERVÉ QUE LE GOUVERNEMENT, LES SIGNES INDICATEURS DE LA PRODUCTION LAITIÈRE SERAIENT ENCORE RESTÉS INCONNUS PENDANT DES SIÈCLES.

Assurément j'aurais pu me montrer réservé, ne pas enseigner ma méthode, ou, comme tant d'autres, porter ma découverte à l'étranger, où les honneurs et la fortune m'attendent, si j'avais vu dans le gouvernement, dans le peuple français des dispositions hostiles à mes idées. Mais, au contraire, je n'ai rencontré partout, comme on le voit par les documents que l'on vient de lire, que l'accueil le plus sympathique, que les encouragements les plus flatteurs, et je n'ai, à ce sujet, qu'à remercier publiquement les sociétés agricoles et tous les ministres qui se sont succédé au département de l'agriculture depuis feu Martin (du Nord) jusqu'à M. Buffet. Quant à ceux que l'on dirait payés pour empêcher l'éclosion de toute idée utile, de toute idée grande et généreuse, ils me font pitié, oui, pitié ! car, malgré leurs efforts de nains et leur mauvais vouloir acharné, j'aurai la satisfaction de voir que ma méthode, fruit de l'observation et du travail de ma vie entière, profitera bientôt à notre agriculture, à la France, et qu'elle apportera, par sa mise en pratique, au fermier accablé de charges, un soulagement réel, aux pauvres plus d'aisance, aux enfants et aux vieillards, dont la vie de chaque jour découle de la mamelle de la vache, une alimentation saine et un bien-être jusqu'ici ignoré.

DESCRIPTION

DE LA MÉTHODE F. GUENON.

DES SIGNES CARACTÉRISTIQUES.

Ce que j'appelle *signes* caractéristiques, ce sont les marques qui ont pour objet de faire connaître, à la simple inspection de l'animal, la valeur du rendement en lait, sa qualité, sa quantité et sa durée pendant la gestation : voilà pour la vache. Pour le taureau, ils indiquent la transmission des qualités plus ou moins lactifères : si le taureau possède les signes qui sont l'indice d'une bonne lactation, les produits femelles qui naîtront de lui seront bonnes laitières; le contraire aura lieu si les signes indicateurs n'existent que peu.

Les signes de la production lactifère sont aussi apparents sur les jeunes élèves que sur les adultes, attendu que les qualités et les défauts sont inhérents à leur constitution et que l'animal vient au monde avec les marques à l'aide desquelles j'apprends à connaître sa bonne ou sa mauvaise nature.

Les signes qui me servent de guide, je les appelle *écussons*; le poil qui les recouvre est soyeux et cotonneux et quelquefois parsemé de petites mèches de poils disposés en sens contraire et que j'appelle *épis*.

A partir de la naissance de l'individu, l'écusson se développe et s'élargit dans les mêmes proportions que le reste du corps; il est naturel à tous les animaux; une longue expérience m'a prouvé que, chez le fœtus de sept mois et demi à huit mois, il se distingue aussi facilement et même mieux que sur le veau venu à terme, parce que le poil est moins long.

DES ÉCUSSONS ET DES ÉPIS.

Les signes qui sont l'objet de ma découverte, je les nomme *écussons* et *épis*; ils sont fortement empreints par la nature sur tous les animaux de l'espèce bovine sans exception, et sont situés à la partie postérieure de l'individu.

L'écusson enveloppe les pis et se distingue par son poil montant à rebours du poil du reste du corps qui est toujours descendant; le poil de l'écusson diffère de celui de la robe parce qu'il est plus fin, plus court, plus soyeux et d'une nuance moins claire.

Il prend son point de départ au milieu des quatre trayons, d'où une partie s'étend sous le ventre, dans la direction du nombril, tandis que l'autre partie se dirige, en montant, en dedans et un peu au-dessus des jarrets, et déborde jusqu'au milieu de la surface postérieure des cuisses, monte sur le pis et se prolonge, dans certaines classes, jusqu'au niveau de l'extrémité supérieure de la vulve.

La surface et l'étendue qu'embrasse l'écusson dénotent la capacité lactifère ; la forme du dessin qu'il trace indique la classe ou l'ordre auquel il appartient. La finesse de son poil et la couleur de son épiderme sont un indice que le lait sera bon ; au contraire, si le poil est gros, clairsemé et hérissé, il annonce une médiocre ou mauvaise laitière.

Ainsi, plus la surface de l'écusson est étendue, plus l'organe sécréteur du lait sera grand et plus le sac lactifère, c'est-à-dire l'intérieur du pis, sera développé. De telle sorte qu'il est facile de préciser le contenu par l'étendue extérieure du contenant. En somme, et pour rendre plus palpable ma démonstration, j'ajouterai que l'écusson doit apparaître aux yeux du praticien comme un vase duquel il ne verrait qu'un côté et dont pourtant il aurait l'obligation d'apprécier et même de fixer la contenance.

Lorsque l'épiderme de la peau dans l'emplacement

de l'écusson est d'une teinte jaunâtre et qu'on en détache avec l'ongle des pellicules grasses et octueuses comme du menu son, et que ces mêmes caractères se retrouvent au panache de la queue et à l'intérieur des oreilles, on peut être assuré que la vache possesseur de ces signes donnera un lait gras et butyreux ; comme, par contre, la vache qui aura la peau de l'écusson blanche, sèche et recouverte d'un poil long et clairsemé, donnera un lait maigre et séreux.

Mais je dois ajouter que la valeur des écussons se trouve atténuée ou favorisée par la présence d'*épis* ou petites mèches de poils, comme je vais l'expliquer ; excepté les épis dont la forme est ovale, qui sont sur le pis au-dessus des mamelles de derrière, tous les épis qui empiètent sur l'écusson en diminuent plus ou moins la valeur, selon qu'ils sont plus ou moins grands.

Lorsque le dessin de l'écusson est bien formé et que le poil est fin, l'individu appartient au premier ordre de sa classe ; mais quand l'écusson est envahi sur une portion de sa surface par des épis, la bête est moins bonne laitière et descend dans la classification d'un ou de plusieurs ordres.

Toute variation de poil dans l'écusson a lieu par des épis et constitue par conséquent une irrégularité qui indique à l'intérieur un défaut qui influe défavorablement sur la sécrétion du lait.

En général, quand on verra dans l'écusson un épi à droite ou à gauche des cuisses, on peut être assuré qu'il existe une altération dans les vaisseaux situés au-dessous de chaque côté du ventre, qui sont les veines mammaires; si on les touche avec la main du côté où l'épi empiète sur l'écusson, on trouvera le vaisseau lactifère moins gros et le trou qui le termine moins large et moins profond que celui du vaisseau du côté opposé ; c'est ce qu'il est facile de constater en y enfoncant le bout du doigt.

Quand l'écusson est plus large aux environs de la vulve que dans le milieu de sa longueur, pour avoir son produit approximatif, on compense la portion la plus large par la plus étroite, et, ne tenant compte que de l'étendue moyenne ainsi obtenue, on le classera dans l'ordre le plus en rapport avec sa forme et son étendue.

Les écussons sont au nombre de dix, parfaitement distincts par leur forme; ils représentent dix classes ou familles, que l'on trouvera expliquées plus loin par des dessins gravés d'après nature, au chapitre de la classification, sous les dénominations suivantes : 1re classe, flandrine; 2e classe, flandrine à gauche; 3e, lisière; 4e, courbeligne; 5e, bicorne ; 6e, double-lisière; 7e, poitevine; 8e, équerrine; 9e, limousine; 10e, caresine.

CLASSIFICATION DES VACHES.

J'ai dit qu'il y avait dix classes ou familles bien distinctes par la forme que l'écusson de chacune d'elles dessine.

J'ajoute que chaque classe a six ordres qui sont également distincts, ainsi qu'on le verra par les figures de la classification. Dans chaque classe la forme de l'écusson est la même, mais il se rapetisse par degrés, depuis le premier ordre, qui est grand et bien fait, jusqu'au sixième, qui est petit et difforme. L'étendue d'un Almanach ne permet pas de donner les six ordres immédiatement. Cette année, je ne donnerai donc que deux ordres de chaque classe, l'année prochaine deux autres, et la troisième année les deux derniers.

En procédant ainsi, je donnerai, dans trois Almanachs, pour le prix de 1 fr. 50 c., ma méthode complète, avec tous les dessins et les détails que j'ai donnés dans mon premier livre, qui se vendait *six* francs.

Je dois prévenir que les vaches des premiers ordres de chaque classe donneront à peu près la même quantité de lait, et que cette quantité sera toujours en rapport avec la surface de l'écusson et la taille de la bête, qui se décompose en haute, moyenne et petite, quelles que soient les races ; en suivant ma classification, on connaîtra toujours, à la simple inspection de la bête, quelle quantité de lait elle est susceptible de donner par jour, aussi bien que si on l'avaït élevée et vue vêler pendant plusieurs années.

J'ajoute aussi qu'il ne faudra pas toujours tenir un compte rigoureux du chiffre des moyennes indiquées aux tableaux de la classification des figures, parce que la nature des races, le climat, la nourriture, la saison, l'âge et les soins exercent une influence sur la production du lait, influence qui peut faire varier le rendement, suivant les localités, de *cinq* à *dix* litres en plus, comme aussi de *cinq* à *dix* litres en moins ; mais toujours, à nourriture égale, les vaches de premier ordre seront partout celles qui produiront le plus de lait.

Le rendement en lait va naturellement en décroissant depuis les premiers ordres jusqu'aux derniers.

Nota. On aura soin de remarquer que l'indication du temps pendant lequel les vaches maintiennent leur lait durant la gestation est placée à la suite de la désignation de l'ordre, qui se trouve écrit au-dessus de chaque gravure. On remarquera également que le rendement en lait par ordre se trouve indiqué selon la taille de la vache à côté de chaque gravure.

PREMIÈRE CLASSE. FLANDRINE.

Premier ordre. — Maintient son lait 8 mois.

Quatrième ordre. — Maintient son lait 5 mois.

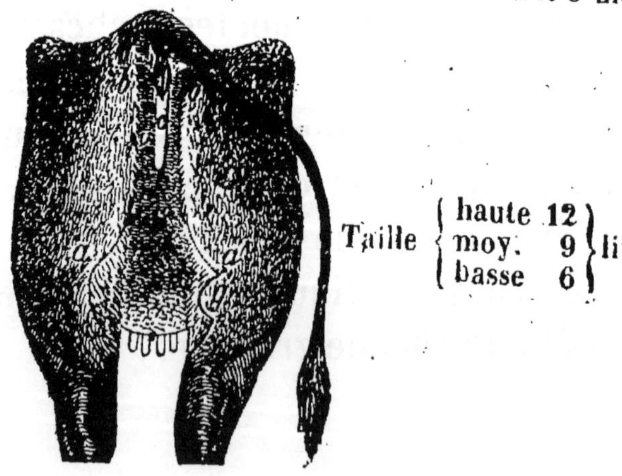

DEUXIÈME CLASSE. FLANDRINE.

Premier ordre. — Maintient son lait 8 mois.

Quatrième ordre. — Maintient son lait 5 mois.

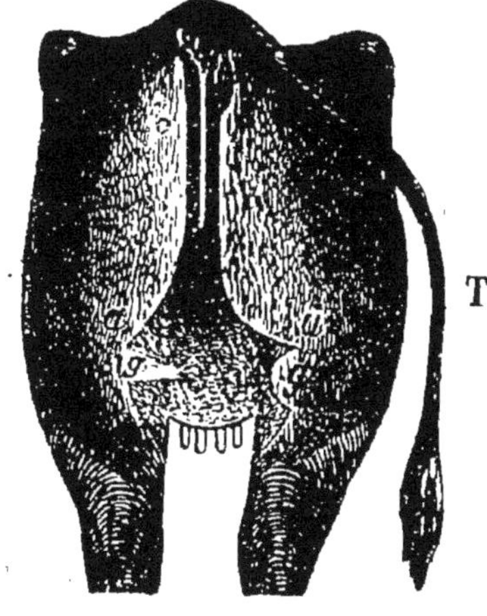

Taille { haute 10 / moy. 7 / basse 4 } litres.

TROISIÈME CLASSE. LISIERE.

Deuxième ordre. — Maintient son lait 7 mois.

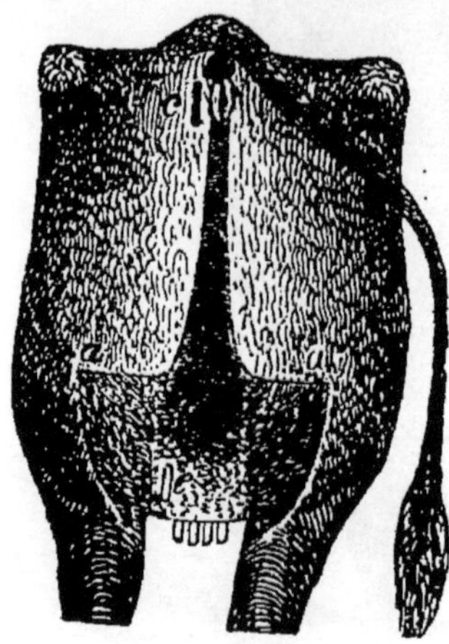

Taille $\begin{cases} \text{haute} & 20 \\ \text{moy.} & 15 \\ \text{basse} & 11 \end{cases}$ litres.

Cinquième ordre. — Maintient son lait 4 mois.

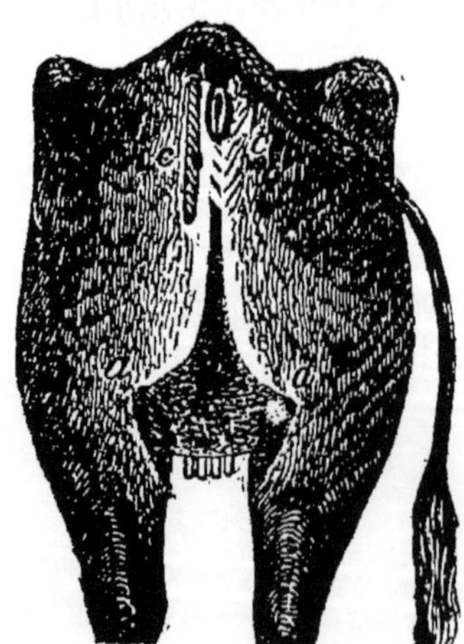

Taille $\begin{cases} \text{haute} & 9 \\ \text{moy.} & 6 \\ \text{basse} & 1 \end{cases}$ litres.

QUATRIÈME CLASSE. COURBELIGNE.

Troisième ordre. — Maintient son lait 6 mois.

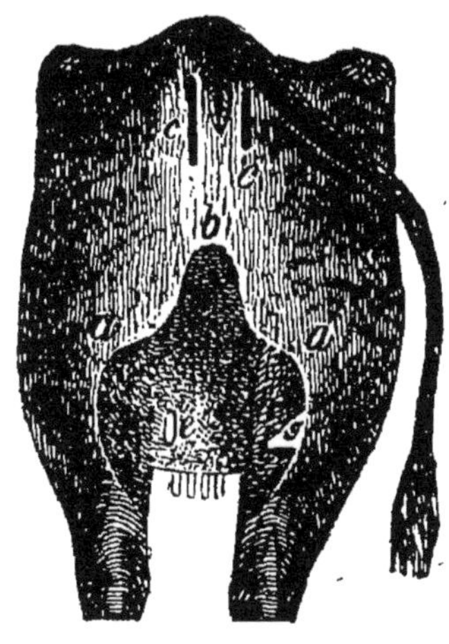

Taille {
haute 16
moy. 12
basse 8
} litres.

Sixième ordre. — Maintient son lait 3 mois.

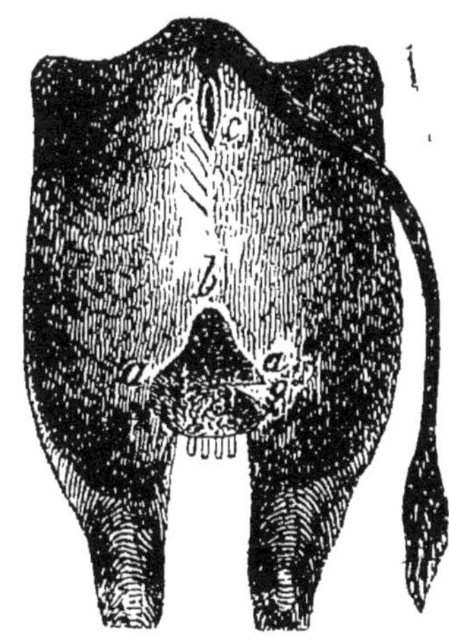

Taille {
haute 6
moy. 3
basse 1
} litres.

CINQUIÈME CLASSE. BICORNE.
Premier ordre. — Maintient son lait 5 mois,

Taille { haute 22 } { moy. 17 } litres. { basse 14 }

Quatrième ordre. — Maintient son lait 5 mois.

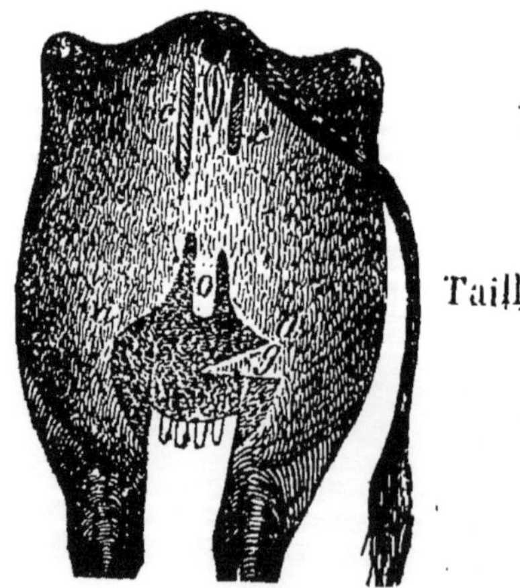

Taille { haute 12 } { moy. 9 } litres. { basse 6 }

SIXIÈME CLASSE. DOUBLE-LISIÈRE.

Deuxième ordre. — Maintient son lait 7 mois.

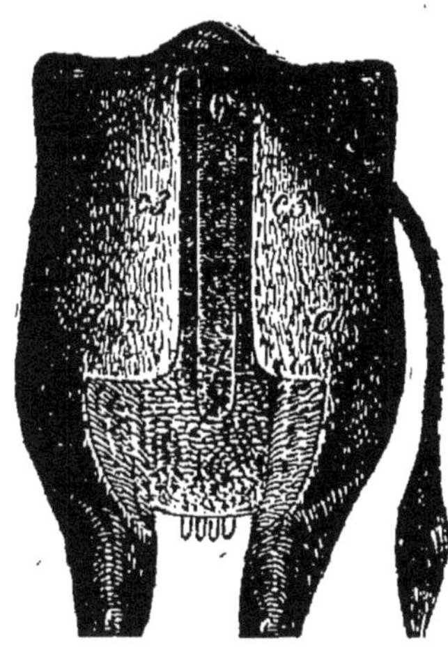

Taille {haute 18 / moy. 14 / basse 10} litres.

Cinquième ordre. — Maintient son lait 4 mois.

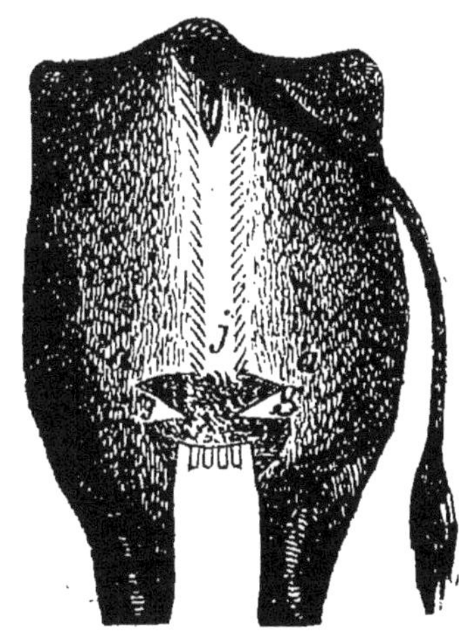

Taille {haute 7 / moy. 4 / basse 2} litres.

! SEPTIÈME CLASSE. POITEVINE.

Troisième ordre. — Maintient son lait 6 mois.

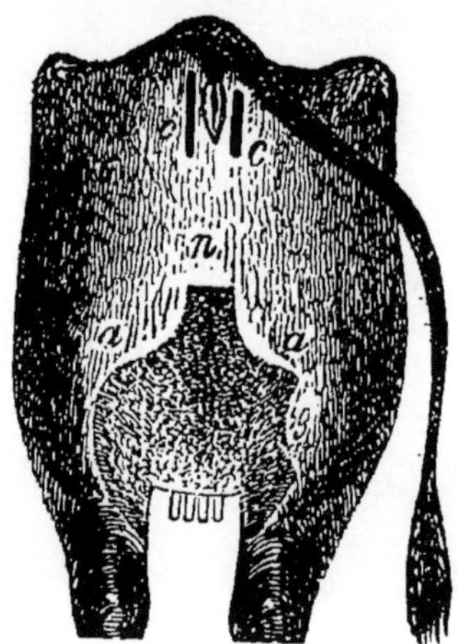

Taille $\begin{cases} \text{haute} & 16 \\ \text{moy.} & 12 \\ \text{basse} & 8 \end{cases}$ litres.

Sixième ordre. — Maintient son lait 3 mois.

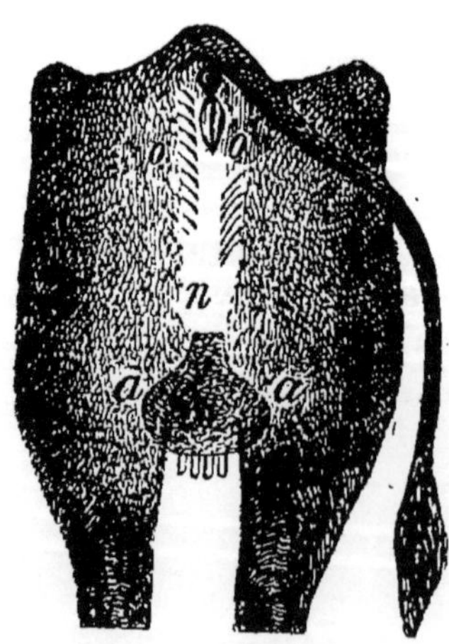

Taille $\begin{cases} \text{haute} & 6 \\ \text{moy.} & 3 \\ \text{basse} & 4 \end{cases}$ litres.

HUITIÈME CLASSE. ÉQUERRINE.

Premier ordre. — Maintient son lait 8 mois.

Taille { haute 23 { moy. 17 } litres. { basse 13 }

Quatrième ordre. — Maintient son lait 5 mois.

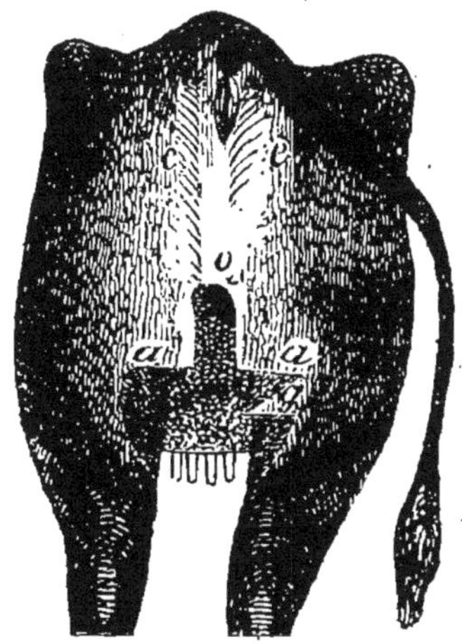

Taille { haute 10 { moy. 7 } litres. { basse 4 }

NEUVIÈME CLASSE. LIMOUSINE.

Deuxième ordre. — Maintient son lait 7 mois.

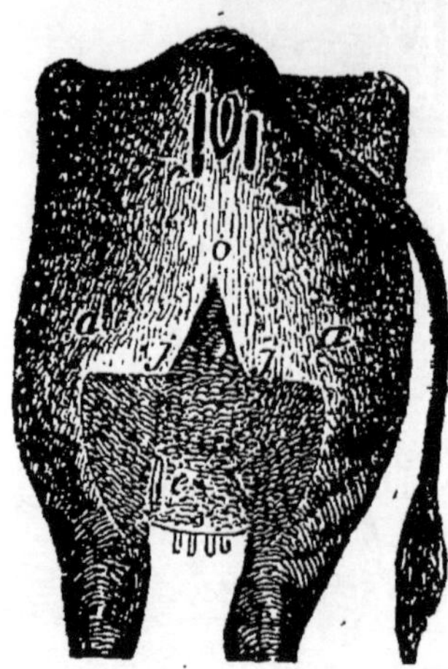

Taille { haute 16 / moy. 12 / basse 8 } litres.

Cinquième ordre. — Maintient son lait 4 mois.

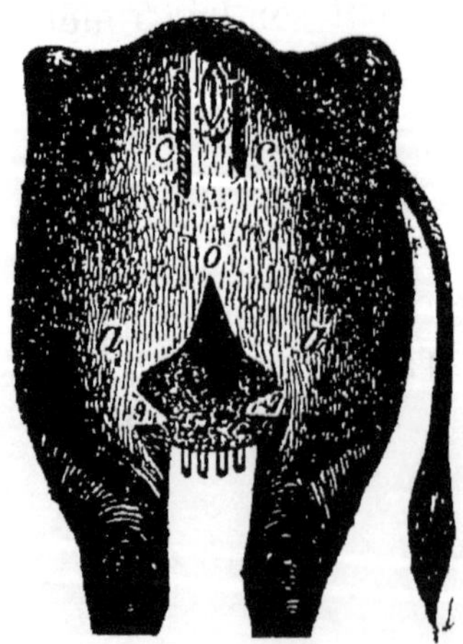

Taille { haute 6 / moy. 4 / basse 2 } litres.

DIXIÈME CLASSE. CARESINE.

Troisième ordre. — Maintient son lait 6 mois.

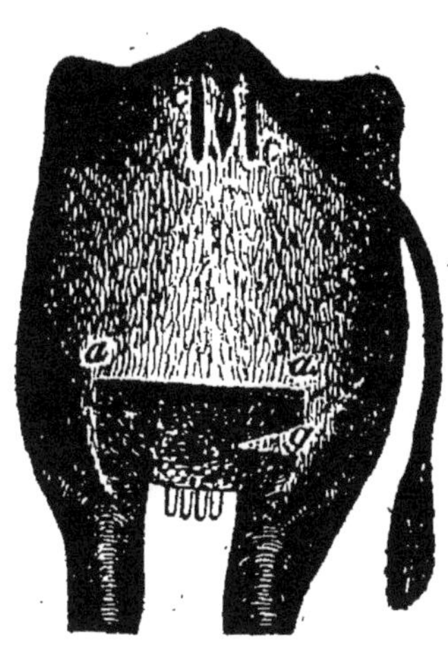

Taille $\begin{cases} \text{haute} & 12 \\ \text{moy.} & 9 \\ \text{basse} & 6 \end{cases}$ litres.

Sixième ordre. — Maintient son lait 3 mois.

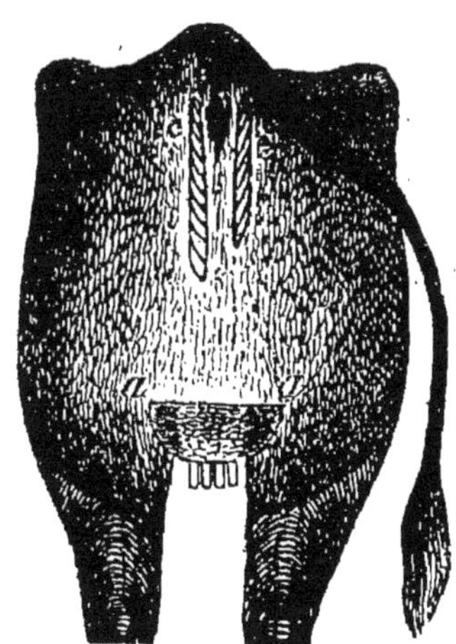

Taille $\begin{cases} \text{haute} & 3 \\ \text{moy.} & 2 \\ \text{basse} & 1 \end{cases}$ litres.

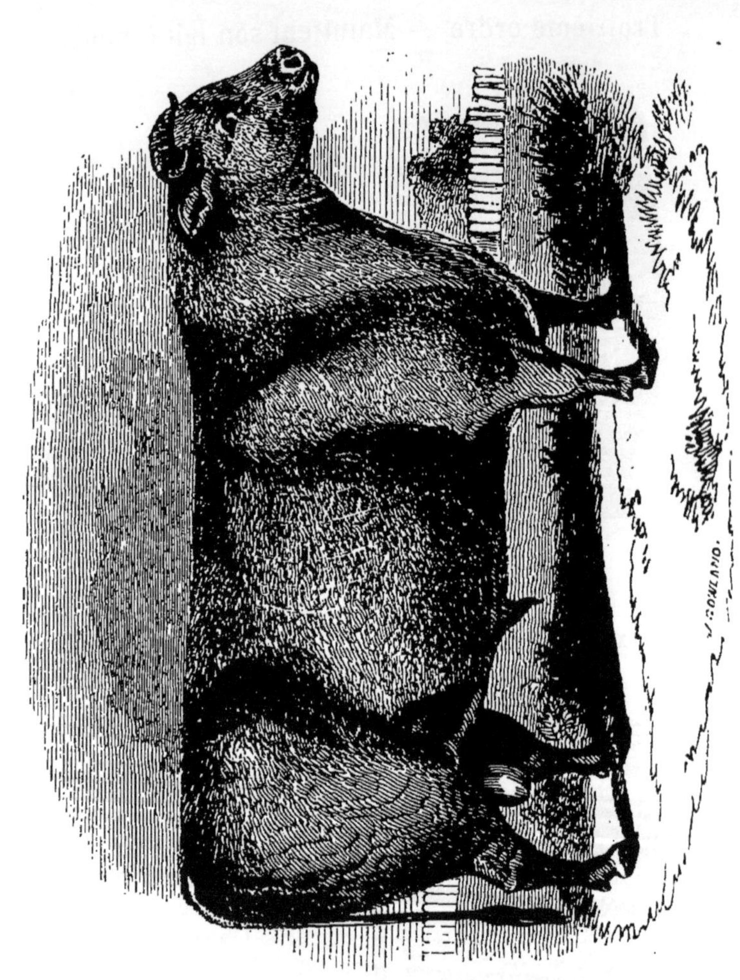

CLASSIFICATION DES TAUREAUX.

Chaque classe a aussi ses taureaux, que l'on reconnaîtra facilement à la forme de leur écusson, qui affecte le même dessin que celui des vaches; seulement il est moins étendu dans toutes ses parties, par la raison toute simple que les tissus qui renferment les organes de la génération chez le mâle sont moins développés que ne le sont dans les femelles les organes sécréteurs du lait.

Pour toutes les classes, la partie sur laquelle se remarque l'écusson doit être fine et recouverte d'un poil court et soyeux ou cotonneux et plutôt rare que fourré.

La couleur de l'écusson doit être d'une teinte jaunâtre, veloutée et nuancée comme pour les vaches des premiers ordres.

En un mot, on doit trouver chez les taureaux toutes les qualités des meilleures vaches, attendu que ces caractères dénotent que les reproducteurs transmettront à leurs descendants les qualités nécessaires pour donner du lait en abondance et de première qualité.

Les taureaux comme les vaches sont divisés en dix classes, et chaque classe seulement en trois ordres. On trouvera plus loin les deux classes de taureaux que, vu le peu d'espace, je peux donner cette année.

QUATRIÈME CLASSE. COURBELIGNE.
Premier ordre. — Bons.

Troisième ordre. — Mauvais.

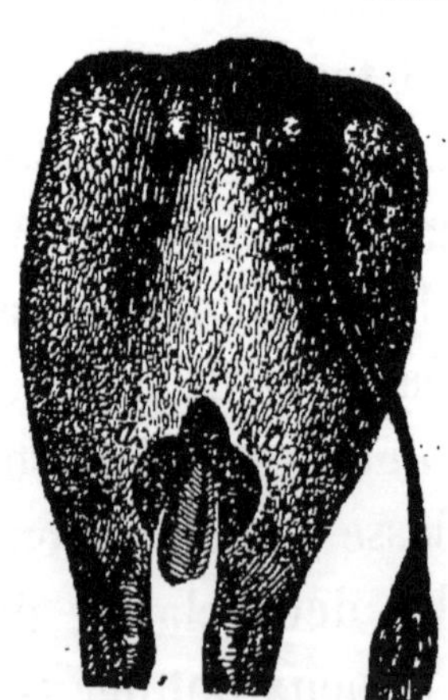

NEUVIÈME CLASSE. LIMOUSINE.
Premier ordre. — Bons.

Troisième ordre. — Mauvais.

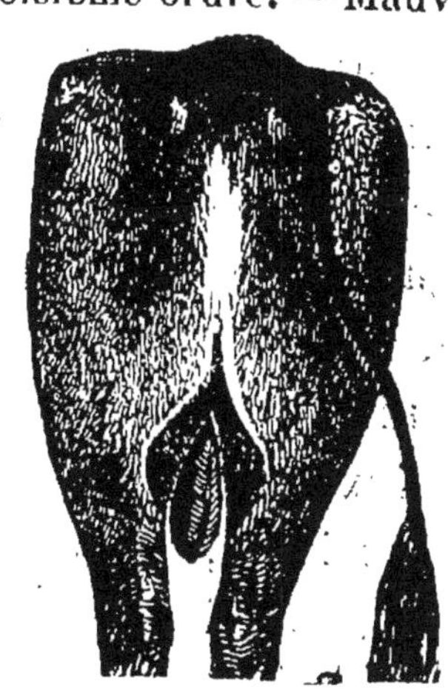

OBSERVATIONS IMPORTANTES.

La nature a créé les écussons ; j'en ai découvert la signification et la valeur, je les ai ensuite divisés en classes et en ordres, en prenant pour base leur surface géométrique. Si je n'avais pas procédé de cette manière, j'aurais laissé subsister une très-grande difficulté dans l'application de ma méthode : on se serait inévitablement perdu au milieu de cette multiplicité de formes ; les rapports de grandeur n'auraient pu être tement saisis, et l'on ne serait arrivé qu'à des apprécianettion incertaines.

On me fera peut-être un reproche de ne pas avoir évalué la surface des écussons ; je ne l'ai pas fait et je n'ai pas dû le faire, cette surface étant aussi variable que la taille et la corpulence des individus. Mais j'ai attaché la plus grande importance à indiquer avec soin jusqu'à quelle distance de la partie extérieure des cuisses, des jarrets, de la vulve, etc., devaient s'étendre les limites de l'écusson, en un mot, où devaient aboutir ses points extrêmes ; j'ai ainsi donné le moyen, dans tous les cas, de préciser sans incertitude, sur tout écusson donné, l'ordre et le rendement en lait.

Au résumé, pour parvenir à faire une appréciation qui ne soit point erronée, il est indispensable de faire exactement ce que j'ai toujours fait et ce que je fais encore, c'est-à-dire, de suivre classe par classe, de descendre graduellement et rigoureusement de l'un à l'autre des ordres de ma classification.

Ce serait entrer dans une mauvaise voie et s'exposer à de constantes erreurs que de négliger certains ordres établis et de croire qu'on peut se dispenser de les suivre pas à pas.

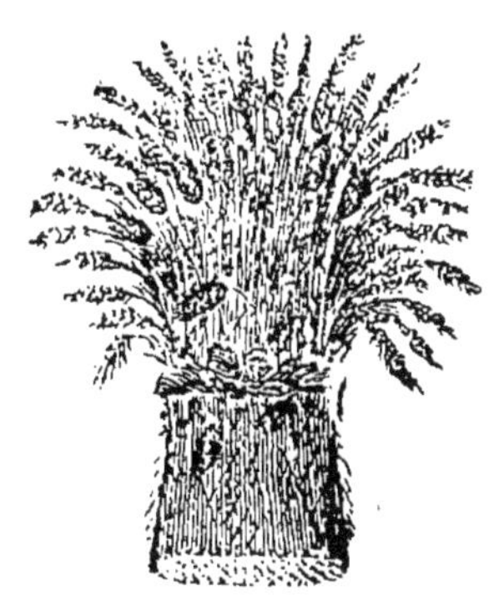

DE L'AMÉLIORATION DE L'ESPÈCE PAR L'ACCOUPLEMENT.

Toutes les races sont susceptibles de s'améliorer par elles-mêmes, mais ce n'est que par l'alliance de taureaux et de vaches de premiers ordres qu'on peut arriver à une prompte régénération, à une amélioration véritable de l'espèce.

Jusqu'à présent on a procédé aux accouplements sans guide et en aveugle, se fiant seulement à l'apparence extérieure des individus; aussi en est-il résulté une dégénérescence des races quant au produit lactifère. Eh bien ! c'est pour conjurer ce mal, qui chaque jour empire, que je recommande d'allier entre eux les sujets des premiers ordres qu'il sera désormais facile de distinguer par les signes qui constituent ma méthode, et dont j'ai donné la description au chapitre des écussons et des épis.

En procédant avec discernement, avec soin, on n'aura plus à craindre que les produits de l'accouplement soient mauvais; on sera au contraire assuré de les avoir bons, et de voir chaque jour son étable s'améliorer.

Dans l'espèce bovine, l'infériorité ou la supériorité des sujets se transmet de génération à génération. Voilà pourquoi il y aurait un avantage immense à accoupler des taureaux et des vaches des premiers ordres.

Aussi ne saurait-on apporter jamais trop de circon-
spection à opérer des accouplements judicieux.

La vache doit posséder plusieurs qualités en dehors
des formes pour être parfaite :

La première, c'est d'être bonne laitière, parce que
son revenu journalier est double; une laitière moyenne
est quadruple d'une laitière mauvaise, bien que la dépense d'entretien, de nourriture et que le risque soient
les mêmes.

La deuxième, c'est d'être apte à l'engraissement quoique bonne laitière, car une vache dont la nature sera
bonne donnera beaucoup de lait et engraissera facilement quand elle cessera d'en donner. Et comme l'alliance de la qualité laitière et de l'aptitude à l'engraissement est possible, est même facile par les accouplements bien entendus, je ne saurais trop conseiller de
ne jamais l'oublier.

La troisième, c'est d'être apte au travail dans le sud
et l'est de la France surtout où les travaux des champs
se font, pour la plupart, avec des vaches. Ainsi, une
vache qui possédera les deux premières qualités et qui
sera dressée au travail dès l'âge de trois à quatre ans
peut faire un long et excellent service, donner du lait
et du travail pendant dix, quinze et même vingt ans,
et en fin de compte une chair de première qualité et
un suif abondant.

J'ai engraissé des vaches de vingt ans aussi promptement que celles de huit ou dix ans , et j'ai trouvé chez elles qu'après avoir, par leur travail, labouré le champ de pauvre et par leur lait bienfaisant sustanté et élevé la famille, elles donnaient une chair de premier choix ; d'où j'ai conclu que le choix d'une vache grasse, quel que soit son âge, est préférable à celle d'un bœuf de moyenne qualité.

Une bonne laitière et qui a toutes les qualités propres à l'engraissement maigrit à vue d'œil pendant le premier mois qui suit le part, à cause de l'abondance de lait qu'elle donne chaque jour. Mais aussitôt que la sécrétion du lait diminue, elle reprend son embonpoint primitif. Ce qui n'a pas lieu chez les moyennes ou médiocres laitières, car la production en lait de celles-ci étant très bornée , elles sont naturellement exemptes de dépérissement.

Or, le cultivateur devra donc s'attacher à ne conserver que les élèves qui auront les caractères qui d'une part dénotent la production du lait et sa conservation pendant la gestation, de l'autre l'aptitude à prendre la graisse aussitôt qu'on en aurait le désir; cela lui sera facile désormais, puisqu'à l'aide des signes dont je donne la description dans ma méthode il pourra n'élever que le bon et livrer le mauvais à la boucherie , et alors ne plus avoir dans ses étables que d'excellent bétail.

D'un autre côté, celui qui n'élève pas et qui achète sur le marché saura choisir, à l'aide des mêmes signes, la vache bonne laitière et qui, cessant de donner du lait, pourra facilement engraisser.

DES TAUREAUX REPRODUCTEURS.

Aujourd'hui que tout le monde peut connaître les signes indicateurs de la puissance lactifère, il est donc possible d'empêcher la dégénérescence de l'espèce bovine, puisque cette dégénérescence qui est fatale à toutes les races, et de laquelle tout le monde se plaint, ne provient, en somme, que de l'importation de taureaux étrangers sous le prétexte d'améliorer. En effet, chaque race a sa contrée particulière, et si quelques-unes prospèrent sous un climat étranger, le grand nombre y dégénère, et c'est par ces croisements mal entendus que l'on jette dans la race locale le germe de la bâtardise qu'il devient dans la suite difficile d'extirper.

Mais désormais on pourra choisir le taureau dans la race même que l'on voudra améliorer, et obtenir immédiatement les résultats désirés, puisqu'il sera possible d'allier aux signes lactifères l'aptitude à l'engraissement, attendu que dès le plus jeune âge on peut reconnaître l'ordre auquel appartient l'animal, et juger par sa conformation s'il a vraiment l'aptitude à l'engraissement et à la laiterie.

Ainsi, pour arriver très promptement à l'amélioration des races laitières surtout, il faudrait que l'organisation suivante fût mise en pratique par les sociétés d'agriculture qui s'occupent des moyens d'améliorer l'élève du bétail dans leurs localités.

Ce que je propose est très simple ; il suffirait tout bonnement de créer dans chaque canton une commission composée d'hommes compétents, laquelle serait chargée de faire le recensement de l'espèce bovine une fois par an, et d'inscrire sur un registre toutes les vaches de la circonscription appartenant aux *premiers ordres* de ma classification. Une fois ce nombre acquis, elle répartirait dans les communes, selon le chiffre des vaches inscrites aux premiers ordres, des taureaux de premiers ordres en proportions suffisantes pour en effectuer la saillie, en ayant soin toutefois d'avoir égard à la forme parfaite des individus et au pelage le plus recherché dans la contrée.

Les taureaux des premiers ordres venant à ne saillir que des vaches des premiers ordres, en n'alliant rien que le bon, on arrivera bientôt à avoir quelque chose de parfait ; au contraire, si on alliait le bon avec le mauvais, on n'obtiendrait que du médiocre, et ce n'est alors qu'avec beaucoup de soin et après bien du temps qu'on arriverait à avoir une race passable.

En accouplant au hasard le bon avec le mauvais, il

faudrait sept ou huit générations pour voir une amélioration sensible se produire dans l'espèce ; au contraire, en n'accouplant que des sujets de choix et avec discernement, une ou deux générations peuvent suffire pour conduire au dernier terme de la perfectibilité ces mêmes individus. Qualité laitière et aptitude à l'engraissement, voilà ce qu'il faut obtenir.

DE L'AGE.

On reconnaît l'âge des animaux de l'espèce bovine à l'inspection des dents et des cornes ; ils ont trente-deux dents, dont *vingt-quatre* grosses nommées *molaires*, et *huit* petites, nommées *incisives*, seulement à la mâchoire inférieure.

Les dents de lait sont remplacées par des dents adultes qui permettent facilement de reconnaître l'âge de la bête.

Les premières mitoyennes (dents de devant) tombent de deux ans à deux ans et demi ; les secondes mitoyennes à trois ans ; les troisièmes mitoyennes à trois ans et demi ; les dernières, qui sont les coins, à quatre ans.

A cinq ans, la dentition est ordinairement régulière ; à partir de sept ans, cette harmonie s'altère et les dents du centre se raccourcissent et atteignent le niveau des plus courtes. C'est alors que l'on dit vulgairement que la bête a rasé ses dents.

A neuf ans, les dents ont leur biseau usé ; leur partie tranchante présente des formes arrondies.

De dix à douze ans, les dents se clairsèment entre elles, les alvéoles se rétrécissent, les dents se déchaussent, se raccourcissent et finissent par tomber.

Dans les terrains de bruyère ou de sable, la denture s'use beaucoup plus vite. Dans les pâturages gras ou abondants, les dents se conservent mieux ; aussi le cultivateur, dans l'appréciation de l'âge, doit, avant de se fixer, avoir égard à la nature des pacages sur lesquels les animaux ont été élevés et nourris.

On reconnaît aussi l'âge par les cornes, mais seulement lorsque la bête est arrivée à l'âge de trois ans ; alors la corne forme un bourrelet à sa base ; ce bourrelet s'appelle *anneau*. Chaque année voit naître à la même place un nouvel anneau qui pousse le précédent ; c'est ainsi qu'en prenant pour trois ans le premier anneau, on arrive sûrement à préciser l'âge de l'animal ; mais lorsque certains ont atteint l'âge de onze à douze ans, la corne se rapetisse à sa base, les anneaux s'effacent et l'âge ne se reconnaît plus.

DU CHOIX DES LAITIÈRES.

La vache laitière, pour être parfaite, doit réunir les conditions suivantes :

1° Avoir la charpente bien établie et dans de bonnes proportions; elle doit aussi avoir l'aspect féminin, c'est-à-dire avoir les formes légères et dégagées;

2° Posséder l'écusson de premier ordre, qui devra avoir une teinte indienne ou safranée;

3° Elle doit avoir le caractère docile, être familière et posséder les principaux *manets* ou maniements qui sont l'indice de l'aptitude à l'engraissement. Comme la vache ne donne pas éternellement du lait, il est bon qu'elle ait naturellement les dispositions propres à engraisser, par la raison que ces dispositions ne sauraient en aucune façon exclure les bonnes qualités laitières. Les vaches laitières sont sujettes à beaucoup d'accidents; aussi est-il bon que, comme dernière ressource, on puisse avec avantage les livrer à la boucherie.

DIFFÉRENCE DE QUALITÉ DU LAIT FOURNI AU COMMENCEMENT, AU MILIEU ET A LA FIN DE LA MÊME TRAITE.

Tous les cultivateurs savent que le lait dernier tiré est d'ordinaire le plus épais et le plus crémeux; et cependant tous ne portent pas leur attention jusqu'à constater chaque jour si les traites ont été bien ou mal exécutées.

Voici à ce sujet une expérience que chacun pourra répéter, s'il y avait doute dans son esprit ou bien s'il était curieux de vérifier par lui-même ce que j'avance. Les résultats que j'énumère sont exacts, je les ai plus d'une fois vérifiés. Les voici.

Un cultivateur anglais a pris plusieurs grandes tasses et les a remplies successivement du lait que lui a fourni une vache, jusqu'aux dernières gouttes. Il les a pesées chacune séparément, et, après s'être bien assuré que la quantité de lait contenue dans chaque tasse était la même, il a obtenu le résultat suivant. Dans tous les cas, la quantité de crème qui se trouvait dans le lait tiré le premier était moins con- sidérable que celle qui se trouvait dans le lait obtenu le dernier ; la crème était toujours plus abondante dans le lait, à mesure que la traite approchait de sa fin. Quoique cette proportion ne fût pas la même dans les différentes vaches soumises à l'expérimentation, ce- pendant, dans la plupart, la quantité de crème qui se trouvait dans le lait de la *dernière tasse* était dans une proportion avec celle qui se trouvait dans le lait de la *première tasse*, comme 16 est à 1. A la vérité, dans le lait de quelques vaches, la différence n'était pas aussi considérable ; mais on peut dire en général que la pro- portion est comme 10 ou 12 sont à *un*.

La différence dans la qualité des deux sortes de crème était encore plus remarquable que la quantité. La crème fournie par le lait de la première tasse ou le premier tiré était déliée, très blanche, et presque sans aucune consistance, tandis que celle qui était fournie par le lait de la dernière tasse ou le dernier tiré était épaisse, beurrée et d'une belle couleur.

Le lait qui restait dans chaque tasse, après qu'on en avait séparé la crème, offrait des différences remarquables; celui qui avait été tiré le premier était très divisé, bleuâtre, et il semblait qu'on l'eût mêlé avec beaucoup d'eau ; le lait au contraire qui avait été tiré le dernier avait une belle couleur jaunâtre, il avait de la consistance, et tant au goût qu'à l'œil il ressemblait plus à de la crème qu'à du lait.

Or, comme ce que l'on vient de lire est concluant ainsi que j'ai pu m'en assurer, il résulte donc de ces observations que les personnes qui auraient déjà tiré par exemple *sept* ou *huit* pintes de lait de leurs vaches, et qui laisseraient dans le pis une *demi*-pinte, perdraient ainsi par leur négligence ou leur maladresse non-seulement presque autant de crème que peuvent fournir les sept ou huit pintes de lait déjà tiré, mais encore la crème la plus belle et la plus propre à donner le goût et la couleur au beurre.

COMMENT IL FAUT OPÉRER POUR AVOIR DE BON LAIT ET D'EXCELLENT BEURRE.

Après la traite on laisse refroidir le lait avant de le

passer dans des vases en grès où il doit crémer ; ces vases doivent être tenus avec une propreté recherchée ; on les frotte d'ortie grièche, on les lave à l'eau bouillante, on les met dans des fours bien chauds pour se ressuyer, ou, à défaut de four, on les renverse au-dessus de la braise ardente que contient le foyer après la confection des repas ; en prenant ces précautions, qui sont faciles et en pratique dans plusieurs contrées, chaque fois que l'on fera usage des vases au lait, ils seront comme s'ils n'avaient jamais servi.

Ces vases en grès ou en terre cuite, séchés, ou plutôt, comme l'on dit dans certains pays, *rôtis* au four ou sur la braise, communiquent au lait et à la crème un goût de noisette qui se retrouve ensuite dans le beurre ; mais pour arriver au dernier terme de l'opération et obtenir le résultat désiré, il faut aussi que la crème séjourne peu sur le lait ; on a soin alors d'écrémer avant que celle-ci ait acquis trop de consistance ; on la gardera au frais pendant deux jours au plus, et on battera le beurre dans une baratte qui aura été préparée avec tous les soins que nous avons indiqués pour les vases au lait. Au moyen de ces précautions, qui en somme ne sont qu'un effet de l'habitude, on obtiendra un beurre qui, au sortir de la baratte, aura le goût aussi fin et sera aussi doux que le lait qui sort de la mamelle de la vache.

STATISTIQUE DU BÉTAIL EN FRANCE.

En consultant la statistique officielle du gouvernement publiée il y a environ dix ans, je trouve que le nombre des animaux de la race bovine en France s'élève aux chiffres suivants, savoir :

Taureaux.	399,026 individus.
Bœufs..	1,968,838 id.
Vaches.	5,501,825 id.
Veaux..	2,066,849 id.
Total général..	9,096,538

De ces chiffres, il résulte que les vaches font plus de la moitié du nombre total des animaux de l'espèce bovine.

Mais sur les 5,501,825 vaches, il n'y en a guère que 4,236,403 qui soient vouées chaque année à la production. Sur ce chiffre, il y a tout au plus un centième appartenant aux premiers ordres, six pour cent aux deuxièmes ordres, vingt-cinq pour cent aux troisièmes ordres, vingt pour cent aux quatrièmes ordres, quinze pour cent aux cinquièmes ordre : d'où il résulte que sur *cent* vaches, il y en a *vingt-trois* d'improductives, ou impropres au service de la laiterie.

Dans l'état actuel des choses chaque vache donne en moyenne *deux litres quarante-neuf centilitres* par jour, ou 908 litres 85 centilitres par année, qui, au prix moyen de *dix centimes* le litre, donnent un revenu moyen, pour chaque vache, de 90 fr. 88 cent. y compris le lait consommé par le veau, ce qui, pour toutes les vaches, fait un revenu annuel de 500,033,058 fr. 89 cent.

Or, je suppose que par la mise en pratique de ma méthode on puisse faire de meilleurs choix — et c'est ce qui est — puisqu'on peut choisir à coup sûr dès le jeune âge, on arrivera alors à doubler le produit en lait des vaches de la France. Et j'ajoute qu'il n'y aurait rien de plus facile, et l'on gagnerait ainsi chaque année 5,000,330,588 litres de lait, qui, au prix moyen de 10 c. le litre, donneraient un bénéfice de 500,033,058 fr.

Quelle augmentation de bien-être pour les populations des campagnes et des villes ! quels profits pour le commerce qu'un tel surcroît de production !

Si, comme cela arrivera bientôt, on parvient, par des accouplements judicieux, à élever les ordres inférieurs jusqu'à la moyenne entre les premiers et les troisièmes ordres, le rendement moyen, au lieu d'être, comme maintenant, de *deux* litres 49 centilitres, serait alors de *sept* litres 33 centilitres par jour et par vache ; cela ferait, pour le nombre actuel de vaches que la France possède, *quatre* milliards 722,857,696 litres 25 centilitres de lait, qui, à raison de 10 cent. l'un, donneraient en argent *un* milliard 172,285,760 fr. sans compter la plus-value qu'on ne manquerait pas d'obtenir sur les animaux, qui s'amélioreront considérablement par les soins mieux entendus que l'on n'hésiterait plus à leur donner.

Oui, je ne crains pas de le dire, c'est un revenu *net* de plus de *deux millions par jour* dont je doterais la France par la mise en pratique de ma découverte.

J'ajoute avec tristesse que ce résultat serait aujourd'hui réalisé si, depuis douze années que j'expérimente devant des commissions officielles, j'avais été mis par le gouvernement à même de populariser ma méthode.

Pourquoi donc cette méthode, qui doit, par sa mise en pratique, si puissamment contribuer à rendre l'agriculture prospère, ne serait-elle pas enseignée comme tant d'autres sciences moins riches d'avenir? Je l'ignore. Est-ce parce que M. Yvart, inspecteur général des vacheries nationales, contrarié de n'avoir pas fait ma découverte, ne le veut pas? Ou bien est-ce parce que le gouvernement, induit en erreur sur la valeur réelle de ma méthode par ses agronomes officiels, me prie toujours d'attendre? Non, depuis douze ans j'attends, et je n'attendrai plus, car mon âge s'avance, et je pourrais quitter ce monde avec le regret de n'avoir pas popularisé ma

découverte. Aussi, tant dans l'intérêt de la fortune publique et de l'humanité que pour donner satisfaction
aux désirs et aux vœux de nos nombreuses sociétés agricoles , j'ai résolu de parcourir la France pour enseigner
mon système à qui voudra, afin que tout le monde puisse
tout de suite en profiter.

La résolution qu'on vient de lire était imprimée, et
toutes mes dispositions étaient prises pour aller enseigner ma méthode, quand une lettre du ministre de l'a-
griculture et du commerce vint m'annoncer de me tenir
à sa disposition pour le 1er janvier 1852, afin d'aller,
sur le point de la France qui me sera désigné, remplir
ma mission de propagande. Cet ordre fait que je cesse
désormais d'être libre de mes mouvements, et que je
reste à la disposition de l'administration de l'agriculture, qui, envers et contre le grand vétérinaire, veut
bien m'employer.

Hélas! pendant assez longtemps la France avait été
privée d'une chose utile, pendant assez longtemps on
avait trop sacrifié l'intérêt de la nation au caprice de
quelques jaloux, et il appartenait à M. Buffet, ministre,
de mettre un terme à cet état de choses en tenant loya-
lement, envers l'auteur du *Traité des vaches laitières*,
l'engagement qu'avait pris à la tribune nationale son
prédécesseur, M. Dumas, de m'envoyer dans les con-

trées où l'élèvè du bétail est la principale industrie pour enseigner ma méthode aussitôt que la rédaction de mon livre serait terminée.

Merci donc à M. Buffet d'avoir, par une franche résolution, fait justice de ces rancunes de savants, en donnant satisfaction à l'agriculture qui, depuis si longtemps, voulait ma méthode pour la pratiquer. Merci à lui d'avoir mis le pauvre paysan à même d'aller officiellement, et avec le concours de l'Etat, répandre dans les campagnes sa découverte, et de lui avoir ainsi donné la consolation de pouvoir dire, au bout de sa carrière, que son passage en ce monde aura été utile !

DE LA PRODUCTION DE L'ESPÈCE BOVINE
EN FRANCE,

COMPARÉE A CELLE DES AUTRES PAYS DE L'EUROPE.

Le document statistique suivant, publié par tous les journaux de la France et de l'étranger, vient confirmer pleinement ce que je n'ai cessé de répéter depuis quinze ans.

Cette constatation officielle de notre infériorité, sous le rapport de l'élève des bestiaux, ouvrira peut être les yeux de ceux qui souvent ont taxé d'exagération ce que j'ai avancé à ce sujet, et tous pourront se faire une idée des privations énormes en viande, en lait et en beurre, qu'un tel état de choses fait peser sur la population de notre belle patrie.

Les pays mentionnés ci-après possèdent, par 100 habitants :

En	1re ligne,	le Danemark. . .	100	têtes de bétail.
En	2^e	— la Suisse.	85	—
En	3^e	— le Wurtemberg. .	71	—
En	4^e	— l'Écosse.	62	—
En	5^e	— l'Autriche.	53	—
En	6^e	— la Lombardie. . .	50	—
En	7^e	— la Sardaigne. . .	46	—
En	8^e	— la Hollande. . . .	45	—
En	9^e	— le Hanovre. . . .	40	—
En	10^e	— le g. duché de Bade.	39	—
En	11^e	— la Saxe.	35	—
En	12^e	— la Prusse.	34	—
En	13^e	— l'Angleterre. . . .	33	—
En	14^e	— les Prov. Rhénanes	32	—
En	15^e	— les Pays-Bas. . .	30	—
En	16^e	— la France.	29	—

Comme on le voit, le France vient en seizième ligne, au dernier rang. Encore, si cette infériorité en nombre était compensée par la qualité, le mal serait moins grand. Mais inférieurs en nombre et en même temps inférieurs en qualité, c'est une situation dont notre pays, si fier de marcher à la tête de la civilisation, devrait être honteux.

COMPARAISON ENTRE LES VACHES

BONNES, MOYENNES ET MAUVAISES LAITIÈRES.

Pour faire la comparaison entre les vaches bonnes, moyennes et mauvaises laitières, je suppose trois vaches de même race ayant même âge, même taille et même poids ; je leur assigne le rendement qui est établi dans la statistique, au chapitre précédent, et je dis :

Les vaches des premiers ordres donnent une moyenne de lait de 10 litres par jour, qui, multipliés par les 365 jours de l'année, font par an 3,650 litres.

Les vaches de rendement moyen des troisièmes ordres donnent par jour 4 litres 66 centilitres ou, pour l'année, 1,700 litres 90 centilitres.

Les vaches mauvaises laitières, représentant le sixième ordre, produisent par jour 45 centilitres, ou par an 164 litres 25 centilitres.

La différence entre le rendement de la bonne et de la moyenne vache est donc de 1,949 litres 10 centilitres par année.

La différence entre le rendement de la moyenne et de la vache mauvaise laitière est 1,536 litres 65 centilitres.

Si enfin l'on compare la vache bonne laitière à la

mauvaise, on trouve l'énorme différence de 3,485 litres 75 centilitres. Il en résulte qu'en mettant le prix du lait à 10 c. le litre, la différence qui existe entre la bonne et la moyenne laitière représente une somme de 194 fr. 91 c. par année.

La différence entre la moyenne et la mauvaise est de 153 fr. 66 c. 1/2.

Et enfin la différence entre la bonne et la mauvaise est de 348 fr. 57 c.

On voit encore par là que la mauvaise vache rapporte à son propriétaire une somme annuelle de 16 fr. 42 c. 1/2.

La vache moyenne, 170 fr. 09 c.

Et la bonne vache, 365 fr.

Cette différence, comme on le voit, est considérable, et cependant l'une et l'autre de ces vaches nécessite les mêmes soins et la même nourriture.

La vache mauvaise laitière est par conséquent tout aussi coûteuse que la bonne, tout en rapportant énormément moins.

Les veaux produits par ces trois vaches sont équivalents à leur naissance; ils ne gagnent en valeur que suivant l'abondance du lait de leur mère, lorsqu'elles les nourrissent elles-mêmes.

Or, il est facile, comme je l'ai prouvé, de rapprocher les distances qui séparent les derniers ordres des premiers ; en supposant même que l'on ne parvienne, ce qui est inadmissible, qu'à amener le sixième ordre au troisième, le rendement serait déjà plus que doublé, et si on l'amenait au second, le rendement serait triplé ou même quadruplé. Le jour enfin où l'on n'aura plus que des vaches des premiers ordres, le bénéfice ou l'accroissement de revenu sera véritablement incalculable.

Cette surabondance de lait permettra alors de nourrir parfaitement les animaux dès leur jeune âge, et de leur donner une plus-value considérable.

Je crois utile de donner avec plus de détails un aperçu des immenses avantages que réaliserait le seul fait d'un rendement des vaches laitières double de ce qu'il est aujourd'hui, et cependant ce ne serait encore qu'un premier pas de fait vers le progrès.

Je suppose donc un instant que l'on puisse arriver à doubler le produit en lait des vaches de la France, on gagnerait chaque année 5,000,330,588 *litres* 90 *centilitres* de lait, qui, évalués seulement à 10 c. le litre, feraient une somme de 500,033,058 fr. 89 c. Quelle augmentation de bien-être pour les populations rurales et urbaines, quels profits pour le commerce qu'un tel surcroît de productions ! Mais le résultat, comme je viens de le dire, ne se bornera pas au seul produit du lait : les animaux, mieux nourris, mieux soignés dans le jeune âge, prendront un plus grand développement,

acquerront une valeur vénale plus importante, et dans une proportion que l'on peut évaluer, pour les **veaux**, à 15 fr. par tête, pour les vaches et génisses à 20 fr., et pour les bœufs et taureaux à 30 fr. Or, cette augmentation présente un total de. . . . 212,075,155 fr. 03 c.
qui, ajouté au produit du lait. . 500,033,058   89

fournira un total de. 712,108,213   92

Si, comme cela arrivera tôt ou tard, on parvient à élever les ordres jusqu'à la moyenne entre les premiers et les troisièmes ordres, si par conséquent le rendement moyen était de 7 litres 33 centilitres par jour et par vache, ce serait pour l'année un rendement de 2,675 *litres 45 centilitres* qui, multipliés par 5,501,825 *vaches*, donnerait 14,722,857,696 litres 25 centilitres, ou, à raison de 10 c. le litre, 1,472,285,769 fr. 25 c. Ajoutez à cette somme la plus-value sur les animaux, comme je l'ai dit plus haut, qui est de 212,075,155 fr., vous obtiendrez le chiffre total de 1,684,360,925 fr. 25 c. par année ; de ce chiffre, que l'on retranche le produit du lait actuel, il reste acquis annuellement à la France un bénéfice net de 1,184,327,866 fr. 36 c.

J'ajoute avec tristesse que ces résultats seraient déjà presque réalisés depuis douze années, si j'avais été mis à même de populariser ma méthode.

En présence des considérations qui précèdent, que

chacun se fasse juge de l'énorme avantage qui résulte-
rait en faveur de l'agriculture française, si elle ne pos-
sédait que des vaches de premier ordre.

Pourquoi la branche si précieuse de l'économie do-
mestique que je viens d'exposer à la France entière
n'aurait-elle pas ses interprètes officiels, pourquoi ne
serait-elle pas enseignée comme tant d'autres arts moins
utiles et moins riches d'avenir?

Sur ce point comme sur tant d'autres, l'Angleterre
nous devancera-t-elle encore et entrera-t-elle la première dans la voie que j'ai ouverte ?

La destinée de ces deux nations rivales est, hélas!
bien différente : nous abaissons les barrières, nous ren-
versons les obstacles, et toujours l'Angleterre passe la
première, en nous laissant bien loin derrière elle.

ANIMAUX ET VÉGÉTAUX.

J'ai voulu, dès le principe de ma découverte, me rendre compte de l'analogie qui existe entre le règne *végétal* et le règne *animal*. J'ai voulu me convaincre, par
une observation attentive, que chacun de ces êtres,
dans son genre, subissait les mêmes lois de la nature,
malgré les différences qui les caractérisent.

Les végétaux, comme les animaux, arrivent naturellement à une dégénération réelle ; mais la culture des plantes, objet principal des soins de l'homme, marche vers l'amélioration, tandis que le bétail, trop souvent abandonné en quelque sorte à lui-même, semble dégénérer. Et cependant l'amélioration des animaux est incomparablement plus facile! En effet, les races utiles à l'homme sont peu nombreuses, pendant que les variétés de plantes utiles ou agréables se comptent par milliers.

Ainsi, par exemple, dans la seule famille des poiriers les diverses espèces cultivées s'élèvent à plus de cent variétés, qui toutes sont différentes entre elles.

Les produits végétaux tendent à dégénérer beaucoup plus rapidement que les produits animaux, parce que la fécondation des plantes a lieu indépendamment de la volonté de l'homme et toujours au hasard.

Dans les plaines, le *croisement* se fait par le *pollen* ou la poussière fécondante des étamines des fleurs que l'air détache, enlève et porte sur les pistils des fleurs de la même famille ; d'où il résulte que tel individu, né de graine provenant d'un très bon plan, se trouve avoir dégénéré et n'être plus qu'un sauvageon dont les fruits diffèrent par la forme, par la couleur et le goût des fruits de l'arbre dont il tire son origine. De façon que, pour obtenir des fruits savoureux et de première qualité, il faut recourir à des opérations qu'on appelle *écusson* et *greffe*, et qui ont pour résultat certain d'améliorer la nature des fruits que l'arbre devra produire.

Dans le règne animal, la race bovine, par exemple, la fécondation n'a plus lieu comme dans le règne végétal : elle s'opère par l'accouplement, qui a aussi pour effet, quand on l'abandonne au hasard, de créer des métis avec des défauts graves que les soins et la nourriture sont impuissants à corriger. Ces imperfections sont non-seulement nuisibles sous le rapport du rendement lactifère, mais aussi au point de vue de l'aptitude au travail et à l'engraissement.

Puisque dans le règne animal il n'est pas au pouvoir de l'homme de donner au sujet venu au monde dégénéré une autre nature, il doit dès lors s'attacher à améliorer les races, en ayant toujours soin de n'accoupler que des animaux du premier mérite.

On comprend facilement qu'en donnant à l'amélioration du bétail tous les soins, toute l'activité, toute la persistance même que l'on apporte à la culture des plantes, on doive arriver, après quelques générations, au dernier terme de la perfectibilité des races.

Faculté nutritive de toute espèce de fourrage comparée à celle du foin.

Pour nourrir autant que 100 kilogrammes de bon foin ordinaire, il faut :

EN GRAIN.

1° 12 kilogr. de froment,   ou 35 kilogr. de son.
2° 15   —   d'orge,   ou 40   —   —
3° 20   —   de seig. et avoine, ou 50   —   —

EN FOINS.

1° 85 kilogr. de foin de pré sec.
2° 90   —   de trèfle coupé en fleur, de luzerne coupée
              en bouton, ou de vesces coupées en si-
              liques.
3° 120   —   de foin de prairies irriguées.
4° 150   —   de gros foin, mélangé de lèches, ou du foin
              coupé tard, ou bien qui aura été mouillé,
              ou submergé.
5° 175   —   de paille de légumineuses, de trèfle, de
              luzerne, etc., récolté à propos et par un
              beau temps.

EN RACINES.

1° 175 kilogr. de panais.
2° 200   —   de carottes.
3° 200   —   de pommes de terre, cuites à la vapeur.
4° 250   —   de pommes de terre crues.
5° 300   —   de rutabagas.
6° 350   —   de betteraves.
7° 375   —   de raves ou navets.

Quand les racines sont récoltées dans un pays chaud et sur un terrain sec, on comprend qu'elles contiennent moins d'eau de végétation et qu'elles sont plus nourrissantes :

EN RÉSIDUS DIVERS.

1° 25 kilogr. d'arachide.
2° 30 — de sésame.
3° 35 — de tourteau de lin frais.
4° 40 — de tourteau de colza, d'œillette, etc.
5° 110 — de résidus de grain distillé.
6° 140 — de résidus d'orge bouillie.
7° 400 — de résidus de pommes de terre distillées.
8° 500 — de résidus de pommes de terre rapées et lavées.

EN PAILLES.

1° 200 kilogr. de paille d'orge.
2° 200 — de paille d'avoine.
3° 275 — de paille de blé.
4° 300 — de paille de seigle.

Si les pailles n'avaient pas été récoltées dans de bonnes conditions, elles seraient moins nutritives :

EN HERBES.

1° 300 kilogr. d'herbe verte des prés secs.
2° 400 — d'herbe des herbiers ou des prés soumis à l'irrigation.
3° 500 — de choux cavaliers, ou autrement dits choux à vaches.

Qualité du lait selon la nature du fourrage que consomme la vache.

Le chou donne au lait un goût de vieux chou, goût désagréable.

— La carotte rend le lait fade et butyreux.

— La feuille de vigne rend le lait léger, agréable, et lui donne un léger goût aigrelet; aussi est-il prompt à tourner et fort peu butyreux.

— Le marron d'Inde produit un lait gros et gras, mais amer.

— La luzerne et le sainfoin donnent un lait substantiel et bon.

— Le turneps, un lait aqueux et pâle.

— Le foin, le bon regain, donnent un bon lait.

— Le trèfle et la pomme de terre mêlée de son produisent un lait excellent.

A bon entendeur, salut.

La découverte du signe de la production lactifère a été enviée de beaucoup de spéculateurs et surtout de prétendus savants qui, dans des vues intéressées, ont modifié ma classification et ma méthode, avant même d'en avoir étudié l'application. Afin de n'être pas atteints par la loi comme contrefacteurs, les rusés qu'ils sont intervertissent ou rassemblent les classes et les ordres, de manière à ne pouvoir s'y reconnaître; mais le titre reste, et c'est par la qu'ils parviennent à tromper le public, qui, autrement, ne serait pas dupe de leurs mensonges.

DU BEURRE.

ASSOCIATIONS FROMAGÈRES ET BEURRIÈRES.

En Suisse, en Allemagne, dans le Jura et dans la Bresse, il existe des associations laitières connues sous le nom de *Fruitières*. L'association a lieu entre les habitants d'un village, et même de plusieurs villages éloignés les uns des autres. Il y a un contrat qui lie tous les associés ; il est sous seings privés ou par devant notaire. L'association a lieu pour un nombre d'années déterminé. Les intéressés nomment une commission de direction et de surveillance qui à son tour élit un syndic, c'est-à-dire un directeur chargé de statuer sur toutes les difficultés qui pourraient se produire dans le sein de l'association. La commission choisit aussi le *fruitier* ou manipulateur qui est payé à appointement fixe ou à tant par *cinquante* kilogrammes de fromage.

Un morceau de bois fendu en deux, dont l'un reste au fruitier et l'autre à l'associé, qu'on rapproche pour y faire des coches ou entailles, accuse la réception et constate les quantités fournies. L'apport de l'associé étant ainsi parfaitement fixé, on verse à chacun, au fur et à mesure de la confection, ce qui lui revient proportionnellement à son apport en beurre et en fromage parfaitement fabriqués.

Chose incroyable aux pays où ces pratiques sont ignorées, c'est que ces associations fonctionnent admirablement, et font la fortune de tous en même temps qu'elles jettent dans l'esprit de tous les habitants le germe de la concorde et de la fraternité.

L'avantage de ces associations est immense, d'abord pour le beurre qui gagne à être fait par masse, ensuite pour le fromage qui n'est réellement bon que quand il est fabriqué en grand.

Ce qui n'est pas aussi à dédaigner, c'est une réduction considérable dans la main-d'œuvre, puisque la confection de *dix* kilogrammes de fromage coûte aussi cher que celle de *cent*.

Un autre avantage, c'est que le beurre et le fromage sont fabriqués par un homme spécial, s'occupant de la chose d'une façon tout exclusive; et puis dans l'atelier tout y est parfaitement organisé, tous les ustensiles nécessaires à toute sorte de fabrication sont à leur place, enfin rien ne manque dans l'établissement, savoir : intelligence et outils perfectionnés. Aussi le beurre des fruitières est-il vendu un *cinquième* en sus de celui des particuliers, et le fromage un *dixième*.

Ce qui manque encore dans certaines associations, c'est l'utilisation pour le compte de la société des résidus ; chacun peut bien prendre à la fruitière ce qui est à lui, ce qui n'a pas toujours lieu. Aussi il vaudrait beaucoup mieux que des animaux fussent achetés pour le compte commun de tous. C'est ce qui aura lieu quand les associations *fruitières* seront plus répandues.

En attendant, je ne saurais trop recommander à toutes les contrées qui élèvent du bétail l'organisation d'associations laitières.

FABRICATION DU BEURRE.

Il y a diverses méthodes de fabriquer le beurre : d'abord le moyen le plus ordinaire et aussi le plus mauvais qui est dans l'usage d'une baratte en bois, de forme cylindrique et ressemblant un peu à un pain de sucre dont on aurait coupé la tête ; ensuite, une autre semblable à un baril ordinaire et dans lequel on fait mouvoir un axe garni de deux ou plusieurs ailes en bois. Cette dernière se répand beaucoup ; au lieu d'être en bois, on la fabrique en zinc ; cela vaut mieux, car il est plus facile de la tenir propre.

Le mouvement imprimé à la baratte doit être, autant que possible, régulier et continu ; autrement les molécules butyreuses ne se lieraient pas, ou bien leur liaison ne serait pas assez parfaite pour empêcher que la divi sion de grumeaux butyreux ne s'opérât ; ce qui donnerait naissance à une fermentation trop développée qui laisserait un mauvais goût au beurre. Plus la crème est maigre, moins elle a de dispositions à la fermentation, aussi plus le beurre est-il lent à se former.

La présence de certaines substances dans la crème retarde ou hâte la formation du beurre. Ainsi le savon, l'eau de lessive, les cendres, enfin toutes les substances alcalines retardent et empêchent le beurre de se former ; au contraire, le vinaigre, l'esprit-de-vin, le sel, l'alun, enfin tous les acides hâtent sa formation.

Aussitôt que le beurre est formé, les grumeaux se réunissent et forment une masse compacte ; alors on le retire de la baratte en faisant d'abord couler le lait, et on le lave et le pétrit jusqu'à ce qu'il ne contienne plus aucune partie laiteuse.

DE LA CONSERVATION DU BEURRE.

Comme c'est dans le printemps et dans l'automne que les prairies produisent les meilleurs pâturages, ceux qui donnent aux vaches le plus et le meilleur lait, c'est aussi dans ces saisons qu'il faut faire les provisions de beurre, parce qu'il est prouvé que ce sont les mois de mai et septembre qui donnent le beurre de première qualité ; aussi est-ce à ces époques qu'il convient de faire les conserves pour la provision de l'année. ...

Lorsqu'on a choisi le beurre que l'on destine à son approvisionnement, voici comment on le prépare.

Si c'est du beurre salé que l'on veut avoir, il faut bien le pétrir afin de le débarrasser d'une façon complète, absolue du petit lait qu'il contient, car les parties caséeuses en dissolution dans la masse s'aigrissant promptement lui donnent de la rancidité ; on procède donc au lavage et au pétrissage de la manière suivante.

Si la quantité de beurre que l'on prépare est grande, on la divise par petites portions de deux ou trois demi-kilogrammes ; on pétrit avec la main et on lave avec de l'eau fraîche. Une fois que le beurre est complétement dégagé de toute partie laiteuse, il laisse l'eau dans laquelle on le pétrit claire et limpide. Alors on le retire de l'eau, on l'essuie parfaitement, on le sale avec du sel blanc et bien broyé, et on procède à la mise en pots.

Les pots en grès auront été préalablement bien nettoyés et séchés sur une braise ardente ou dans un four bien chaud. Alors on introduit dans le pot, avec la main, le beurre par petits morceaux, et on le presse de telle sorte qu'il ne reste entre les couches aucun vide ; et on continue ainsi à remplir, couches par couches, jusqu'à ce qu'on soit arrivé à sept ou huit centimètres du bord. On le laisse en cet état pendant une semaine. Pendant ce temps, il s'opère dans le beurre un tassement en sorte de retrait, occasionné par la présence du sel, et qui fait que le beurre se détache des parois intérieures du pot, ce qui fait un vide circulaire de quelques millimètres, et dans lequel s'introduit l'air dont l'action sur le beurre serait de le rancir. Mais pour empêcher cet accident de se produire, on prépare, avec du sel et de l'eau, une saumure assez forte en sel pour qu'un œuf y surnage Cette saumure étant reposée, on la tire au clair et on la verse sur le beurre petit à petit, afin qu'elle s'introduise dans les intervalles vides, et en assez grande quantité pour que le beurre en soit recouvert d'au moins deux ou trois centimètres. En cet état, le beurre peut se conserver bon et sans goût désagréable pendant plus d'une année.

On conserve encore le beurre d'une autre façon qui, selon moi, est la meilleure, mais aussi la plus dispendieuse à cause du déchet qui a lieu ; il s'agit de fondre le beurre. Or, voici comment se prépare le *beurre fondu.*

On met dans une chaudière de fonte ou une bassine le beurre que l'on destine à être fondu ; on y ajoute du girofle concassé, du laurier-sauce et de l'oignon. La quantité de ces substances doit être proportionnée à celle du beurre ; ainsi, 14 clous de girofle, 8 feuilles de laurier et 8 oignons de moyenne grandeur suffisent pour 50 kilogrammes de beurre, et on fait cuire le tout à petit feu et sans écumer. On laisse bouillir le beurre jusqu'à ce qu'il paraisse parfaitement clair sous son écume, ce qui a lieu habituellement après trois heures de cuisson. On retire la chaudière du feu et on laisse reposer pendant une heure ; ensuite on enlève l'écume restée à la surface et on filtre à travers un linge ou un tamis fin, dans un pot, en ayant soin de faire que les corps étrangers au beurre restent en dépôt au fond de la chaudière. Ce résidu, on le verse ensuite dans un vase rempli à moitié d'eau chaude, ce qui fait que les parties étrangères se précipitent au fond et le beurre surnage ; on laisse refroidir, et, lorsque le beurre est figé, on le retire et il est très bien épuré.

Les pots destinés à contenir le beurre doivent être en grès ; s'ils sont neufs, il faut les faire tremper pendant vingt-quatre heures dans l'eau froide, ensuite les faire bouillir pendant une heure dans une légère lessive de cendre, afin de les nettoyer complétement de toutes les impuretés dont ils pourraient être imprégnés. Si les pots ont déjà servi, on se borne à les échauder à l'eau bouillante pour mieux en détacher l'ancien beurre qui se serait incorporé dans la terre, et on écure avec le plus grand soin, car tous les vases destinés à renfermer le beurre doivent être de la plus parfaite propreté.

Lorsque le beurre est complétement refroidi, on couvre les pots et on les place dans des endroits frais pour les mieux conserver.

MOYEN D'AVOIR TOUJOURS DU BEURRE FRAIS.

Après avoir très bien lavé et parfaitement préparé le beurre au sortir de la baratte et ressuyé sur un linge blanc, on le met dans les pots par petits morceaux que l'on tasse afin de remplir tous les vides ; on les place dans une chaudière à moitié pleine d'eau, que l'on chauffe jusqu'à l'ébullition, ou autrement dit dans un bain-marie chauffé à 100 degrés ; arrivé à ce point, on laisse le bain refroidir et on en retire les pots. Du beurre ainsi préparé a été examiné six mois après, et on l'a trouvé aussi frais qu'au sortir de la baratte.

La fusion qui a lieu au moyen de la chaleur du bain précipite au fond des vases les parties caséeuses que le beurre pouvait encore contenir, de telle sorte qu'on obtient un beurre vierge très bien clarifié, bon à man- ger sur le pain et excellent pour toutes les préparations culinaires. Loin d'avoir perdu de sa qualité, au con- traire il en a acquis, car son goût est plus fin que le beurre frais ordinaire ; il est aussi plus sain que ce dernier, duquel on ne devrait pas faire usage avant de l'avoir clarifié.

CONSERVATION DU LAIT.

On prend du lait sortant de la vache, on le chauffe au bain de vapeur, car à feu nu et au bain marie il contracterait un goût de frangipane, et on le réduit à la moitié de son volume en l'écumant très souvent. On le passe ensuite à l'étamine et on y délaie des jaunes d'œufs bien frais, à la dose de 8 jaunes par 12 pintes de lait, qui, par l'ébullition, auront été réduites à 6. Lorsque le tout est refroidi, on ôte la peau ou pellicule qui se forme à la surface, et on le met dans les vases qui doivent le conserver. On l'expose de nouveau dans ces vases pendant deux heures au bain de calorique. Par ce procédé, le lait se conserve très bien ; la crème, qui se trouve être en flocons, disparaît en le mettant sur le feu ; il supporte très bien l'ébullition ; il produit aussi un beurre excellent et du petit lait qui remplace avantageusement la meilleure crème des laiteries de Paris.

CONSERVATION DE LA CRÈME.

Cinq pintes de crème levée avec soin sur du lait de la veille ont été chauffées au bain-marie, ou mieux encore au bain de vapeur, et réduites à quatre pintes, sans avoir été écumées. Alors on en a ôté la peau qui s'était formée dessus, on l'a passée de suite à l'étamine, et on l'a laissée refroidir. Après avoir encore ôté de nouveau la peau qui s'était formée par le refroidissement, on l'a mise dans des vases destinés à la recevoir et on l'a exposée encore une fois pendant une heure au bain de calorique. Au bout de deux ans, ajoute l'auteur de l'expérience, cette crème s'est trouvée aussi fraîche que si elle eût été préparée du jour. On a fait, dit-il, d'excellent beurre frais à raison de 250 à 260 grammes par pinte.

DANGER DE CONSERVER LE LAIT DANS DES VASES DE CUIVRE.

Deux fois dans une année, dit M. Cadet-de-Vaux, douze ou quinze personnes de mon voisinage avaient été empoisonnées avec le lait des déjeuners; à Saint-Paul, plusieurs jeunes filles manquèrent de périr, pour avoir mangé, chez les sœurs de la charité, où elles avaient dîné le jour de leur première communion, de la soupe faite avec du lait conservé dans des vaisseaux en cuivre; on fut obligé de leur administrer des secours dans l'église même, où elles furent prises de coliques, de vomissements et de convulsions, à l'heure de l'office, que cette scène tragique interrompit.

Les pots au lait en cuivre fussent-ils étamés, la propreté de tous les jours qu'exigent ces vases met bientôt le cuivre à nu, et il est rare que ces pots soient de nouveau rétamés, et quand il s'agit de la santé, et même de la vie, on ne saurait trop prendre de précautions; aussi, là où le cuivre existe encore, doit-il être au plus tôt remplacé par des vases en terre.

Le motif pour lequel on tient à faire usage des vases en cuivre est que, dans l'été, le lait se conserve mieux dans l'airain que dans toute autre espèce de vase, ce qui peut venir de la qualité antiseptique du cuivre; les laitières des villes et habitantes des campagnes connaissent ce fait, je l'ai expérimenté et il est vrai. Mais cette conservation n'a-t-elle pas lieu aux dépens de la qualité? Il est évident que si. Ce qui tendrait à le prouver, c'est qu'en Suède, dont les mines de cuivre font la principale richesse, l'emploi de ce métal est exclu des hôpitaux et de tous les établissements qui sont sous la main du gouvernement.

DES FROMAGES.

Fromage frais.

Ce fromage est simplement du lait caillé frais, sans préparation aucune. Le lait caillé avec de la présure, égoutté dans un linge ou dans un panier en osier, on le mange avant qu'il ne soit fermenté ; il est nourrissant, sain et rafraîchissant ; on l'appelle communément fromage blanc ; à Paris seulement il est connu sous le nom de fromage à la *pie*.

Fromage à la crème.

Plus la crème est fraîche, plus le fromage est meilleur ; pour le manger bon, il faut qu'il soit fraîchement battu. S'il y en a peu, on bat la crème dans un vase, absolument comme si on battait des œufs pour faire une omelette, mais beaucoup plus longtemps et moins vite ; on a soin toutefois d'arrêter le battage avant la séparation des matières butyreuses, autrement on ferait du beurre.

Si la quantité que l'on fabrique dépasse le volume qui permet de bien battre à la main, on se sert d'une baratte.

Mangé immédiatement après avoir été battu, il est gras, trop gras même pour beaucoup de monde ; aussi le fromage à la crème que l'on prépare ainsi sert-il le plus souvent à rendre meilleur le fromage blanc, duquel je viens de parler; quelques heures après qu'il a été fait, il est déjà tourné, et par ce motif moins bon.

Fromage des montagnes d'Auvergne.

Les fromages provenant du lait de bestiaux nourris sur les montagnes se font remarquer par leur odeur agréable et leur bonne conservation; mais les meilleurs sont les fromages fabriqués en été, alors que le bétail est jour et nuit au pâturage ; ceux fabriqués dans la saison d'hiver, quand les vaches passent à l'étable tout ou partie de leur temps, sont moins délicats et se conservent moins longtemps.

En Auvergne on fait trois sortes de fromages :

1° Le *fourme*, qui est le meilleur de tous ; il se conserve bien et peut s'exporter au loin.

Voici comment on le prépare :

Après la traite, on passe le lait dans la passoire d'où il coule dans des terrines ou bassins ; on introduit immédiatement la présure et on remue de suite. S'il fait froid, on approche le lait ainsi préparé du feu. La coagulation a lieu, en général, dans le délai de trois quarts d'heure ou au plus tard une heure ; s'il n'en était pas ainsi, on ajouterait de la présure ; mais dès la première fois on a eu soin de mettre une quantité assez forte, quantité que l'on peut évaluer à *un* gramme par litre. Le lait bien caillé, on fait égoutter le petit lait, on brise le caillé avec les mains, on en fait presque une bouillie que l'on met dans un baquet, dont le fond est rempli d'une paille propre, bien disposée et entrecroisée de façon à laisser passer le petit lait qu'on soutire en ôtant une bonde qui s'ouvre à la partie inférieure du baquet.

A deux jours de là on renverse le fromage de ce baquet dans un autre baquet, garni comme le premier de paille fraîche et parfaitement disposée, et on attend que le caillé fermente, ce qui est facile à constater par l'odeur qu'il dégage, par son boursouflement et par le degré de hauteur qu'il acquiert.

Rendu à ce point, on le place dans des formes en bois de hêtre, rondes et hautes, et on met sous presse, après toutefois avoir saupoudré le dessus avec du sel bien sec. Vingt-quatre heures après on retourne le moule, on sale l'autre côté et l'on remet en forme. Cette opération doit se renouveler pendant plusieurs jours et jusqu'à ce que le fromage ait acquis assez de dureté. Alors on le tire de la forme, on le laisse sécher pendant quelques heures, et on le descend à la cave, où on a soin de le retourner matin et soir, pendant les premiers jours, et dans la suite une fois par jour; on aura aussi soin d'arroser le pain de petit lait salé, si le fromage est trop sec.

On s'aperçoit qu'il est assez salé lorsque la transsudation s'opère.

Les fromages qui restent quelques semaines dans la cave se couvrent d'une couche grasse et molle, mais qui ne tarde pas à se dessécher. C'est alors que l'on voit apparaître une poussière blanche qui recouvre le pain; c'est l'indice que le fromage est bon à manger.

La nature de ce fromage tient un peu à la qualité qu'on appelle *Hollande*.

2° Avec le petit lait du caillé, de ce premier fromage, on fait un autre fromage de qualité vraiment médiocre et qui se vend à très bon marché aux habitants pauvres des villes voisines. Il se consomme à l'état frais, parce qu'il est peu susceptible de se garder longtemps en bon état.

3° Le *Gaperous*, qui est le produit du petit lait de ce

dernier fromage, est, comme on le voit, peu substantiel ; aussi la qualité du gaperous est-elle médiocre, et sa conservation impossible. Par ce motif il est consommé sur place par ceux qui le fabriquent, car il est d'habitude, dans les campagnes, que ce que la ferme produit de moins bon est consommé par ses habitants, non parce que ceux-ci aiment mieux ce qui n'est pas bon, mais bien parce que ces résidus, portés sur le marché, ne trouveraient pas acquéreur. Triste réalité de notre ordre social !... Produire bon pour les autres et mauvais pour soi, et cela, mon Dieu ! pour mieux économiser quelques liards, quelques sous peut-être, afin d'être en mesure de payer, à heure fixe, le receveur des contributions et le propriétaire!

Fromage des Pyrénées.

Dans les Pyrénées, où on pourrait faire un fromage excellent, la fabrication est extrêmement arriérée, à quelques exceptions près. En général, il est acide, mal préparé, contient beaucoup de présure et du sel en quantité. Il est à croire qu'il serait difficilement consommé ailleurs que dans les localités où il se fabrique. La fabrication d'un fromage détestable, dans un pays où il pourrait être exquis, si on employait, pour le faire, une meilleure méthode, nous porte à souhaiter une fois de plus que cette branche d'industrie ménagère soit enseignée dans les écoles d'agriculture et même dans les écoles normales, desquelles dépendent quelques terres.

Fromage de Gruyère.

Le fromage de Gruyère ne se fabrique pas exclusivement en Suisse ; on en produit aussi dans les montagnes du Wurtemberg, dans quelques contrées de la Bavière, dans les Vosges et dans le Jura. Ces derniers, par leur bonne confection dans les *fruitières*, ont acquis dans le commerce une réputation qui les fait rechercher à l'exclusion de ceux des autres pays.

Le fromage produit en Suisse, à Gruyère même, est jaune, percé d'yeux petits, en grand nombre, et rempli d'eau salée. Celui du Jura a la pâte plus blanche, les yeux plus grands et moins nombreux ; il est moins salé, moins échauffant, et plus délicat au goût.

Voici comment on le fabrique. On écrème le lait de la veille au soir et on le mêle à celui du matin sans trop le remuer. On met le tout dans un bassin sur le feu, on chauffe doucement jusqu'à ce que le lait ait acquis une température de 28 degrés centigrades environ ; on met la présure, et lorsque le lait s'éclaircit par l'effet de la coagulation qui bientôt est complète, on ôte de dessus le feu. On retire environ les quatre cinquièmes du petit lait, et on brise le caillé en morceaux pour le bien mélanger avec le cinquième de petit lait restant. Pour que ce mélange soit intime, on se sert d'un *bâton-hérisson*, et on remet le mélange sur le feu. La chaleur, cette fois, doit être portée à environ 42 degrés centigrades. Durant le cours de cette opération, qui dure environ trois quarts d'heure, on mêle continuellement et en tournant toujours du même côté, dans le but d'empêcher le fond de brûler.

Lorsque le caillé, on pourrait dire la bouillie, présente une teinte jaune et une consistance presque élastique, on réunit toute la partie solide sur un seul point de la bassine, et, au moyen d'une toile passée dessous, on l'enlève; alors on la comprime dans la toile, et on met le tout ensemble sous la presse. Deux ou trois heures plus tard, on change de toile et on sale le caillé, on remet en presse, on change de toile pour la dernière fois, on sale de nouveau, et on presse jusqu'à ce qu'il ne reste plus une seule goutte de petit lait. Le cours de ces opérations dure communément trois ou quatre semaines.

A chaque opération on rétrécit le moule et on ne cesse toute manipulation que quand le fromage est ferme. Cependant il ne tarde pas à se ramollir quelque peu par l'effet du sel. Dans cet état on le soumet à l'affinage, ce qui a lieu par un séjour plus ou moins prolongé dans une cave disposée à cet effet. La cave doit être fraîche, mais non humide.

Les fromages de Gruyère sont généralement du poids de 40 à 50 demi-kilogrammes.

Le gruyère est un manger sain et nourrissant.

Fromage de Hollande.

Le hollande est sans contredit le plus répandu de tous les fromages. Son goût agréable le fait rechercher; sa conservation, qui dure plusieurs années, fait qu'on l'exporte au loin; sa consommation est considérable. On en fait un grand commerce, et c'est le seul fromage qui serve aux usages de la marine, et il n'est jamais aussi bon et aussi recherché par les amateurs qu'après un voyage maritime de deux ou trois années.

Sa fabrication est peu compliquée : on fait cailler le lait non écrémé, ensuite on le pétrit pour le débarrasser complétement de tout le petit lait, et on le met dans des formes circulaires ayant le fond et la couverture arrondie, et le tout percé de petits trous. Pour une seconde pression on prend un moule un peu plus petit, et ainsi de suite, jusqu'à ce qu'il ne contienne plus une goutte de petit lait; alors on sale.

Quand les fromages sont rendus à l'état dur, on les plonge tout à fait dans de la saumure, où on les laisse durant trois ou quatre heures nus, ou, si on aime mieux dans un linge. En les sortant de ce bain on les saupoudre de sel blanc et on leur fait subir une nouvelle pression : nouveau bain de saumure, nouveau saupoudrement, et ainsi de suite pendant plusieurs jours, jusqu'à ce que le pain soit arrivé à son dernier degré de dureté. Alors on racle, on fait disparaître la croûte blanche et on lave avec du petit lait.

Toutes ces opérations terminées, on dispose les fromages sur des rayons ou tablettes, dans un endroit frais, on les retourne souvent et jusqu'à ce que l'affinage soit arrivé à un degré qui permette de croire que le travail est complet.

Dans quelques contrées de la France, et principalement en Normandie, on fait du fromage façon hollande qui réussit très bien ; ce qui ne laisse pas que d'être, pour les habitants de ce pays, une source de bien-être.

L'industrie fromagère mérite donc qu'on l'encourage beaucoup en France, surtout dans les localités à herbages où elle est pour les populations une ressource trop précieuse pour être plus longtemps dédaignée.

Comme observation générale, je dirai qu'il faut que la dose de présure soit assez forte pour que la coagulation du lait soit prompte. Autrement elle serait imparfaite et les grumeaux n'auraient entre eux aucune adhérence, ce qui ferait que la partie butyreuse du fromage resterait en suspension dans le petit lait et s'écoulerait lors du pressurage. Le fromage dépourvu ainsi de sa partie la plus riche serait maigre, mal lié, sec, cassant et moins bon. Cependant si la dose de .présure était trop forte, la qualité du fromage serait sensiblement altérée. Dans tous les cas, pour le lait écrémé, la dose de présure dévra toujours être plus forte que pour celui à qui on a laissé toute sa crème.

Manière de fabriquer en Angleterre les fromages les plus renommés : ceux de Glocester, de Cheshire et de Parmesan.

Le glocester doit être fait avec du lait qui vient d'être tiré ; il faut que le lait qui sert à le fabriquer soit de la même traite, et qu'il ait conservé sa chaleur naturelle ; lorsqu'on l'emploie autrement, le fromage a moins de qualité.

Une fois le lait tourné par de la présure qu'on y introduit, on le pétrit longtemps avec les mains, et on le met peu à peu dans une éclisse garnie d'une toile assez grande pour être rabattue sur la masse ; on le pétrit encore à mesure qu'on le dresse.

Il faut que le caillé soit élevé au moins de $0^m,03$ au-dessus du bord de l'éclisse, afin qu'il ne s'enfonce pas au-dessous du bord lorsqu'il sera pressé, car il y aurait altération dans le fromage.

Préparé ainsi, on le porte sous la presse où on le laisse pendant deux heures; on le retourne alors en le mettant dans un autre linge, et on le met de nouveau sous la presse où on le laisse pendant six ou huit heures; après ce temps on le retourne encore; on le saupoudre de sel sur les deux côtés, et on le remet sous presse pendant douze ou quatorze heures. Si, ces opérations terminées, il y avait quelque partie du fromage qui fasse saillie sur les bords de l'éclisse, dont le fond sera assez troué pour que le petit lait ait pu passer, on la coupe. Alors on met le fromage sur une planche sèche où on le retourne régulièrement chaque jour.

Pour donner au fromage cette couleur jaune qui le fait distinguer des autres, et qui est peut-être une raison qui le fait rechercher de préférence, on met un peu d'*annatto* dans le lait avant qu'il soit tourné.

Les fermiers du Cheshire, dont les fromages pèsent quelquefois plus de 50 kilogr., suivent à peu près le même procédé. Ils ne mettent jamais le lait de deux traites; ils salent toute la masse du caillé et tiennent le fromage dans un lieu humide, mais ils ont l'attention de le retourner tous les jours.

Le plus estimé de tous les fromages anglais est le *stilton*, que nous appelons *parmesan* : il pèse depuis 3 jusqu'à 6 kilogr.; et lorsqu'il est bon, il ne se vend jamais au-dessus d'un schelling la livre, 1 fr. 25 cent. le demi-kilogr.

Voici comme on le prépare et les soins qu'on lui donne :

D'habitude on le fait le matin, en ajoutant au lait qui vient d'être tiré la crème de celui qui a été trait la veille. On le prépare dans des éclisses carrées ; aussitôt qu'il est fait, on le met dans des boîtes de la même forme, et proportionnées exactement à sa grandeur ; sans cette précaution, il se briserait et n'acquerrait pas d'odeur et cette maturité qui le rendent si savoureux et si agréable. On le retourne chaque jour dans ces boîtes, et on le garde pendant deux ans avant de le livrer à la consommation. Il est plus estimé que les autres fromages, mais il n'est pas à croire qu'il ne doive cette préférence qu'à l'addition de la crème du lait du soir au lait du matin, il la doit aussi à la durée du temps qu'il reste entre les mains du fabricant.

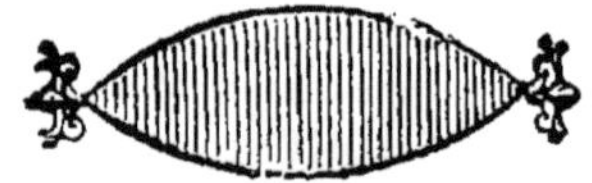

EXTRAIT DU PROCÈS-VERBAL

DE LA COMMISSION

Nommée par la Société d'agriculture de Meaux,
(Seine-et-Marne)

à l'effet de statuer sur la valeur du système Guenon.

A la date du 29 mars 1851, devant la commission et en présence d'un public nombreux, où l'on remarquait M. le président de la Société d'agriculture de Meaux, M. le sous-préfet, M. le procureur de la République, M. le colonel du 3ᵉ cuirassiers, on fit sortir une vache que l'on pria M. Guenon d'examiner .En quelques secondes son jugement fut porté; il la déclara de la classe équerrine croisée en lisière, devant bien conserver son lait et en donner jusqu'à dix-huit litres par jour.

Cette déclaration se trouva conforme à celle de M. Martin.

Après en avoir examiné plusieurs, et donné satisfaction à tous les assistants, nous allâmes aux autres établissements, où les résultats furent non moins concluants.

Le sieur Guenon parvint à préciser le rendement avec une justesse remarquable dans les dernières étables inspectées, si bien que, chez le sieur Gavel, il dit: « Monsieur, si vous avez une vache ici qui vous donne vingt-cinq litres de lait, c'est assurément celle-ci. » En même temps, il indiquait du doigt une superbe flamande qu'il qualifia de flandrine de première classe. « Oui, répliqua **M. Gavel**, c'est la meilleure de mon étable, et elle ne donne pas moins que la quantité que vous annoncez. »

Ce jugement si prompt de M. Guenon surprit beaucoup l'auditoire, qui à peine avait eu le temps de distinguer la couleur des vaches.

En résumé voici les conclusions de la commission :

Cette découverte a le triple avantage,

1° De faciliter l'éleveur dans le choix de ses jeunes animaux ;

2° De fournir une masse assez considérable de lait sans augmenter le nombre des bestiaux ;

3° De venir au secours d'une année de disette, en fournissant à bon marché une partie de l'alimentation aux classes pauvres.

Elle serait nécessairement restée inconnue si le sieur Guenon, à qui le gouvernement a refusé une pension, ne s'était pas montré plus désintéressé que lui.

Votre commission vous propose donc :

1° D'engager le gouvernement à faire une pension au sieur Guenon, à la condition qu'il professera pendant plusieurs années sa méthode dans les lieux qu'on lui indiquera ;

2° Que la Société lui décerne une médaille d'or ;

3° Que ce rapport soit imprimé pour être répandu.

Ont signé au procès-verbal : MM. VIEILLOT, président ; GILLÉS, de Meaux ; GARNIER, de Thieux ; FONTAINE, de Paris ; MARTIN, de Villemareuil ; MINOT, vétérinaire à Lisy ; BARRY, vétérinaire à Meaux ; et BRUIGNET, de Chelles, rapporteur.

LETTRE

DE M. LE MINISTRE DE L'AGRICULTURE,

Chargeant M. F. Guenon d'aller démontrer sa méthode dans les établissements agricoles des départements.

Paris, le 29 août 1851.

Monsieur,

En m'annonçant que vos diverses publications sur les vaches laitières sont achevées, vous m'informez que vous vous mettez à la disposition de l'administration pour accomplir des missions dont l'objet serait de propager dans les départements les connaissances de votre méthode.

J'accueillerais volontiers votre offre, si la saison n'était actuellement trop avancée pour que je puisse vous confier une mission de ce genre. Mais j'ai décidé qu'à partir du 1er janvier prochain vous serez envoyé, pendant tout le cours de l'année 1852, dans différents établissements agricoles placés dans les départements, et dont je vous ferai parvenir ultérieurement la liste.

Il vous sera alloué à cet effet un traitement fixe de 500 fr. par mois, plus 75 cent. par kilomètre pour frais de route.

Recevez, monsieur, l'assurance, etc.

Le ministre de l'agriculture et du commerce,

L. BUFFET.

LIVRE II.

LIVRE III.

— 16° Race des Landes (sauvage). — 17° Race cabaniste (demi-sauvage). — 18° Race béarnaise. — 19° Race de Lourdes. — 20° Race de Saint-Gaudens. — 21° Race du Gers. — 22° Race d'Auvergne. — 23° Race d'Aubrac. — 24° Race du Rouergue. — 25° Race tourache. — 26° Race fémeline. — 27° Race camargotte. — 28° Race boulonnaise. — 29° Race charollaise. — 30° Race ardennaise. — 31° Race nivernaise.

APPENDICE.

I. — Médailles, diplômes d'honneur et mentions honorables donnés à l'auteur.

II. — Extrait des conclusions du rapport de l'Académie des sciences de Bordeaux.

III. — Comice agricole d'Aurillac. — Extrait du rapport de la Société d'agriculture du Cantal.

IV. — Rapport au congrès central de la Seine, par M. Eugène Barbier, délégué de la Nièvre, sur la méthode Guenon.

V. — Rapport fait par le citoyen Durand-Savoyat, représentan du peuple, à l'Assemblée nationale.

VI. — Rapport fait par M. Amable Dubois, représentant du peuple, à l'Assemblée nationale.

VII. — Extrait des conclusions du rapport de la commission nommée, en 1848, par M. Cunin-Gridaine, ministre de l'agriculture et du commerce.

VIII. — Extrait du procès-verbal de la commission nommée par la Société d'agriculture de Maux (Seine-et-Marne), à l'effet de statuer sur la valeur du système *Guenon*, avec un tableau synoptique à la fin du volume qui représente toutes les classes et les ordres.

ABRÉGÉ DU TRAITÉ DES VACHES LAITIÈRES, contenant les classification, avec légendes explicatives, 1 vol. in-12 de 100 pages . . . . Prix : 2 fr.

TABLEAU SYNOPTIQUE contenant toute la classification du système, avec légendes explicatives, et avec lequel on peut connaître, à la simple inspection d'une vache quelconque : 1° la quantité de lait qu'elle doit donner par jour, 2° sa qualité, 3° le temps qu'elle maintiendra son lait pendant la gestation . . . . Prix : 2 fr.

TABLEAU SYNOPTIQUE contenant la description de toutes les races de l'espèce bovine en France. . . . . . . Prix : 75 c.

BIOGRAPHIE DE L'AUTEUR, ou historique de la découverte Guenon . . . . Prix : 50 c.

ALMANACH DES VACHES LAITIÈRES. . . . . Prix : 50 c.

TABLE DES MATIÈRES.

9 782013 616171